思考的艺术：让创新成为你的DNA
（第二版）

名誉主编　黄　鑫

主　编　杨璐璐　武　晓

副主编　刘迟晓霏　李兴兴　何青蔚

中国水利水电出版社
www.waterpub.com.cn
·北京·

内 容 提 要

本书旨在为西安欧亚学院四年制本科学生以及三年制大专学生提供一套行之有效的创新流程。本书将"创新"一词重新进行了界定，向读者介绍了何为创新以及创新的特征与种类。在此基础上将批判性思维、设计思维与创新相融合，阐明了批判性思维与设计思维对创新的重要作用，并向读者详细地展示了在创新的过程中应当如何运用批判性思维技巧与设计思维流程。

本书较第一版在结构上进行了优化，并引入学生的创新案例，通过互动环节和跨学科视角提升读者的参与感和创新能力。希望阅读本书的学生、教育工作者或创意工作者能找到适合自己的创新思维训练和实践方法。

图书在版编目（CIP）数据

思考的艺术：让创新成为你的DNA / 杨璐璐，武晓主编. -- 2版. -- 北京：中国水利水电出版社，2024.9. (2025.1重印) -- ISBN 978-7-5226-2608-6

Ⅰ．F273.1

中国国家版本馆CIP数据核字第2024BS8711号

策划编辑：王利艳　责任编辑：张玉玲　加工编辑：杨峻林　杨强　封面设计：李佳

书　　名	思考的艺术：让创新成为你的DNA（第二版） SIKAO DE YISHU: RANG CHUANGXIN CHENGWEI NI DE DNA
作　　者	名誉主编　黄　鑫 主　编　杨璐璐　武　晓 副主编　刘迟晓霏　李兴兴　何青蔚
出版发行	中国水利水电出版社 （北京市海淀区玉渊潭南路1号D座　100038） 网址：www.waterpub.com.cn E-mail：mchannel@263.net（答疑） 　　　　sales@mwr.gov.cn 电话：（010）68545888（营销中心）、82562819（组稿）
经　　售	北京科水图书销售有限公司 电话：（010）68545874、63202643 全国各地新华书店和相关出版物销售网点
排　　版	北京万水电子信息有限公司
印　　刷	三河市德贤弘印务有限公司
规　　格	170mm×240mm　16开本　16.5印张　228千字
版　　次	2021年8月第1版　2021年8月第1次印刷 2024年9月第2版　2025年1月第2次印刷
印　　数	5001—11000册
定　　价	49.00元

凡购买我社图书，如有缺页、倒页、脱页的，本社营销中心负责调换

版权所有·侵权必究

前　言

　　教育、科技、人才是全面建设社会主义现代化国家的基础性、战略性支撑。现代化人才建设必须坚持科技是第一生产力、人才是第一资源、创新是第一动力，深入实施科教兴国战略、人才强国战略、创新驱动发展战略，开辟发展新领域、新赛道，不断塑造发展新动能、新优势。对于培养现代化人才来说，创新精神也是素质教育中至关重要的一环，创新精神培养既是顺应时代发展的必然选择，也是高等教育应关注的重点内容。对当代的中国大学生来说，新的社会环境对大学生必备知识与技能提出了新的要求，素质教育以及面向未来社会的通识能力培养已经变得越来越重要。一名合格的现代化人才必备的能力不仅应包括写作和表达的能力、团队合作的能力、信息搜集的能力，还应包括批判性思考和创新的能力。作为大学生，无论选择哪一专业学科，都应当具备创造性解决问题的能力。

　　对于创新一词概念的界定在不同学科领域里侧重点并不相同。若我们从哲学范畴出发，会发现创新是一种人的创造性实践行为。发现与创新是人类自我创造及发展的核心矛盾，它们代表两种不同的创造性行为。对于发现的否定再创造是人类创新发展的基点。创新也可简单解释为，人类提供的前所未有的事物的一种活动。作为学习者，我们在这一定义中需要重点对两个关键词进行关注，其一为"事物"，其二为"前所未有"。"事物"一词涵盖了天文地理、自然科学、社会科学、国家政权、社会民生等一切物体和现象。"前所未有"主要是指首创性，而"首创"根据参考系的不同有两层含义。其一，这种创新相对于全人类或者其他人来说是独特的、唯一的，比如爱因斯坦发现相对论。其二，这种创新相对于其他人来说已经不是第一了，但对于自己来说已经是突破、首创了，这也是一种前所未有。比如，班级里开始实行以前从没有过的新的学习管理方法，新的班级制度、改进措施等。由此，我们可以看出，在通常语境下我们提到的创新是一个相当宏大的概念，其外延具有多样性及丰富性的特征。那么，如何在如此宏大的概念之下找到创新的发力点呢？这便是本书力图解决的主要问题。

　　与此同时，创新是一种探索性的实践。创新之路为前人未走之路，创新的过程总是与风险相伴。因此，创新的实现需要内部环境与外部环境的双重支持与保障。具体来说，创新的内部环境为创新主体的技能与态度，外部环境则是能够为创新提供助力的工具及其他硬件条件。对比第一版，我们在内容的编写方面更加注重内部环境的构建，如思维基础以及创新技能。为补足第一版的缺失，我们将外部环境构建融入此版教材中，力图从多个维度向读者展示创新的培养路径。

创造性思维不被专业或者学科所限制，每个人的创新能力都应该且都能够被培养与激发。创新能力的培养需要我们将批判性思维和设计思维结合起来，灵活利用相关工具并加以训练。凡事先易后难，相较于革命性的创新，对自身的突破和再创造是较容易的。因此，本书将从对自身的突破和再创造入手，鼓励大家从身边出发，从小事出发，在理解批判性思维含义、运用设计思维方法的基础上进行创新活动。

本书的编写基于西安欧亚学院通识 DNA 课程"思考与创新"，吸收了理查德·保罗的《批判性思维工具》、鲁百年的《创新设计思维：设计思维方法论以及实践手册》、谷振诣与刘壮虎的《批判性思维教程》、董毓的《批判性思维原理和方法：走向新的认知和实践》等著述中的理论精髓。各章节以理论传授、案例分析与实践活动相结合的方式进行编排，内容框架具有科学性及合理性，可对读者的批判性思维能力，创新思维能力以及分析问题、解决问题的能力进行培养。在内容设计上，本书从读者实际出发，将案例、活动及实践训练三者贯穿起来，使读者深入理解批判性思维的特征及结构诸要素，学会识别及重构论证，并能够通过设计思维五步法进行创新设计；以"大胆想象、小心求证"的思维模式为切入点，以批判性思维及创新设计思维两个模块贯穿始终；用"批判性思维"知识训练读者"小心求证"的思维习性，以"创新设计思维"知识理论指导读者进行"大胆想象"。

本书共六章，分别为概述、打开创新的大门、让批判性思考成为习惯——案例研究、走上创新之路、让创新成为习惯——工具运用、让创新成为习惯——作品展示。与第一版相比，本书在编写工作当中，除了对原有章节的内容进行了增补与完善外，另增加了两个章节的内容：第三章对当代社会热点案例进行批判性思考与分析；第五章介绍在进行创新时能够使用的辅助工具。与此同时，将第一版设计思维经典案例更换为西安欧亚学院学生创新案例，由此与读者的生活建立更加紧密的连接。由此可以看出，较之更加关注理论的第一版，本书努力将理论与实践相结合，从多个维度对创新途径进行说明，以期为读者提供一套立体化的创新指导手册。

本书由西安欧亚学院通识教育学院"思考与创新"课程组编写，由黄鑫任名誉主编，由杨璐璐、武晓任主编，负责全书的统稿、修改、定稿工作，由刘迟晓霏、李兴兴、何青蔚任副主编。在本书的编写过程中，我们参考并借鉴了多位中外学者的优秀研究成果，如若有领会不当或偏颇之处，敬请各位著作者斧正。最后，在此向各位致力于创新能力培养的学者与专家表示由衷的感谢与深深的敬意。

编 者

2024 年 4 月

目 录

前言

第一章 概述 ... 1

第一节 创新的内涵与本质 ... 1
一、创新的概念、特质及类型 ... 2
二、框架内创新 ... 5
三、创新的三大要素 ... 8

第二节 批判性思维、设计思维与创新 ... 10
一、批判性思维的定义 ... 10
二、设计思维的定义 ... 11
三、批判性思维、设计思维和创新的关系 ... 12

本章小结 ... 15

第二章 打开创新的大门 ... 17

第一节 批判性思维 ... 17
一、批判性思维溯源 ... 18
二、批判性思维的概念和特质 ... 28
三、批判性思维技能与批判性思维态度 ... 30
四、批判性思维运用 ... 37
五、批判性思考者的特征 ... 41
六、批判性思维的意义 ... 44

第二节 批判性思维之理性 ... 47
一、理性 ... 47
二、如何实现理性 ... 52
三、理性的意义 ... 60

第三节 批判性思维之反思 ... 61
一、自然的思维与反思性思维 ... 61

二、反思工具运用……63

　第四节　批判性思维之八要素……66
　　一、对于思考的思考……66
　　二、思维八要素概述……67
　　三、思维八要素的应用……68

　第五节　目的与问题……78
　　一、思维要素之间的关系……79
　　二、目的……79
　　三、问题……81
　　四、在课堂学习中对于目的与问题的运用……89

　第六节　概念与信息……90
　　一、澄清概念……90
　　二、探求真实信息……97

　第七节　隐含假设与推理谬误……101
　　一、隐含假设的定义……101
　　二、隐含假设的类型与挖掘……102
　　三、挖掘隐含假设的必要性……109
　　四、推理的标准……111
　　五、推理谬误……113

　附：批判性思维自评表……116
　本章小结……117

第三章　让批判性思考成为习惯——案例研究……120
　第一节　保持质疑，独立思考……121
　　一、什么是质疑……121
　　二、什么是独立思考……121
　第二节　理性思考，多元观点……124
　第三节　思维八要素案例……130
　第四节　PMI思考法案例……134
　第五节　SWOT分析法案例……135
　本章小结……140

第四章　走上创新之路 142
第一节　设计思维 143
  一、设计思维的来源 143
  二、设计思维的三大特征 144
  三、设计思维为什么有助于实现创新 148
  四、设计思维如何培养创造力 154
第二节　设计思维百宝箱 156
  一、设计思维五步法概述 156
  二、移情 157
  三、定义 174
  四、设想 185
  五、原型制作 192
  六、测试 194
本章小结 195

第五章　让创新成为习惯——工具运用 197
第一节　头脑风暴法 197
  一、头脑风暴法概述 198
  二、头脑风暴、批判性思维与创新思维 201
第二节　思维导图 202
  一、思维导图的界定 202
  二、思维导图的绘制 203
  三、思维导图与创造性思维 207
第三节　深层探索工具 209
  一、深层探索工具之一：问卷调研 209
  二、深层探索工具之二：现场访谈调研 215
第四节　创意引导工具 221
  一、获得创新的常规方法：联想构思法 221
  二、获得奇特创意的方法：强制关联法 223
第五节　原型制作工具 225
  一、原型制作工具之一：草图描绘 226

二、原型制作工具之二：物理模型……………………………………226

　　三、原型制作工具之三：故事板……………………………………227

　　四、原型制作工具之四：App 模型…………………………………227

　本章小结……………………………………………………………227

第六章　让创新成为习惯——作品展示…………………………………229

　　一、校园与生活创新…………………………………………………230

　　二、博物馆保护与服务创新…………………………………………240

　本章小结……………………………………………………………246

结语……………………………………………………………………247

参考文献………………………………………………………………248

关于引用作品的版权声明……………………………………………253

第一章 概　　述

本章导读

党的二十大报告指出，"不断提高战略思维、历史思维、辩证思维、系统思维、创新思维、法治思维、底线思维能力"。其中辩证思维旨在洞察事物、把握规律；创新思维旨在科学应变、引领时代；系统思维旨在统筹兼顾、综合平衡。这些思维能力互为倚靠、各有侧重，构成科学思维方法体系。把握好多种思维模式，能够让我们更清楚深刻地认识世界。

创新能力是近年来在各个领域出现的高频词，如何获得创新能力也成为教育工作者们一直探讨的话题。创新作为一种思维活动与思维的提升密不可分。本章在对创新的内涵与本质进行深入介绍的基础上，带领大家了解批判性思维与设计思维和创新的关系，为后续的学习搭好框架。

第一节　创新的内涵与本质

随着时代的发展、社会的变迁、人工智能的兴起，无数职业被人工智能替代，无数行业面临转型的挑战，在这种大背景之下，创新能力成为了现代化人才必须具备的一项技能。如何在社会上更加具备竞争力？如何在各国人才中脱颖而出？创新能力成为了一项关键指标。

在全球化的今天，各国之间的竞争已经演变成创新能力的竞争，我国

《国家创新驱动发展战略纲要》指出"创新强则国运昌,创新弱则国运殆""创新驱动实质上是人才驱动"。正如皮克斯公司总裁艾德·卡姆尔(Ed Catmull)在他的著作《创造力公司:克服阻碍真正灵感的无形力量》一书中所描述的那样"我们必须用意想不到的反应来面对意想不到的问题"。因此如何提升竞争力的关键是如何提升创新能力。

一、创新的概念、特质及类型

(一)创新的概念

关于何为创新,在各个时期不同的学者都试图从自己的专业领域出发对创新一词做出准确的阐释。心理学家罗伯特·J.斯滕伯格(Robert J. Sternberg)认为创新是一种提出或产生具有新颖性和适切性工作成果的能力;经济学家约瑟夫·阿洛伊斯·熊彼特(Joseph Alois Schumpeter)指出创新是指把一种新的生产要素和生产条件的"新结合"引入生产体系的能力;美国著名设计公司IDEO的总经理汤姆·凯利(Tom Kelley)认为创新是善于观察一般人习以为常的事,从细微处入手,打破常规的能力。鲁百年认为创新是指人们为了发展的需要,运用已知的信息,不断突破常规,发现或产生某种新颖、独特的有社会价值或个人价值的新事物、新思想的活动。从中可以看出,不管是从哪一个领域出发对创新进行阐释,最终创新都被定义为一种能力或是一种行为。

我们对前人的观点进行总结与提炼,以汤姆·凯利的观点为基础,结合社会学理论,对创新进行定义:创新是为了自身需求,运用已存在的事物或经验,打破常规,产生新成果的能力或行为。

创新的外延十分广泛,它可以是产品的结构、性能和外部特征的变革,造型设计、内容的表现形式或手段的创造,是内容的丰富和完善;是流程和商业模式的重新再造,是企业战略转型的模式,甚至是社会责任的转变等。

（二）创新的三大特质

在判断一种行为是否是创新行为或一项成果是否属于创新成果时，我们会发现仅仅凭借概念很难做出精准的判断，这时就需要对创新的三大特质进行了解。

鲁百年在其著作《创新设计思维：设计思维方法论以及实践手册》中提及，我们通常所说的创新应当同时具备三大基本特质，即独特性、可行性以及价值性。一项成果或者一种行为必须同时符合这三个特质才能称之为创新。接下来，我们将对这三大基本特质分别进行阐述。

1. 独特性

创新的核心是"新"，"新"便是我们在这里提到的独特性。独特性是指一件产品或一种行为必须具备"独一无二"的特性时才能够被称为创新。显而易见，简单的复制与模仿都不具备独特性，因此无法被称作创新。在这里需要注意的是"独一无二"并非是说只有凭空想象出来的产品或行为才能被视作创新。有些时候我们会将已有行为或物品进行变革或者重组、拆分，改变原有物品或行为的性能对其进行优化，这种调整也是一种创新。市面上的全包式挂钩衣架，仅仅是将传统的半包式挂钩进行微调变成了全包式，但因其具备独一无二性并满足了目标客户的需求，这种衣架可以被称作创新产品。

2. 可行性

创新的另外一个特质为可行性。可行性是指在目前的技术条件下所想到的独一无二的想法必须是可以实施的。

在冯小刚导演的电影《不见不散》中葛优饰演的刘元有这样一段有趣的独白，他说："受印度洋暖湿气流的影响，尼泊尔王国气候湿润、四季如春。而山脉的北麓气温陡降，终年积雪。再加上深陷大陆的中部，远离太平洋，所以自然气候十分恶劣。如果我们把喜马拉雅山炸开一道五十公里宽的口子，把印度洋的暖风引到我们这里来。试想一下，那我们美丽的青藏高原从此摘掉落后的帽子不算，还得变出多少个鱼米之乡。"在这段话中，通过将喜马拉雅山炸出一道 50 公里宽的口子将暖湿气流引入青藏高原这个想法的确具备新颖性与独特性，但在目前的技术条件与资金条件下是否能够让想法落地是一个有待商榷的问题，因此无法说该想法具备创新性。

3. 价值性

创新的第三个重要特质为价值性，在新产品生成或服务变革的过程中我们需要明确如下几个问题：

（1）我们的目标客户是谁？

（2）我们目标客户的需求是什么？

（3）我们的新产品或新服务是否能够满足目标客户的需求？即我们的产品或服务是否能够为目标客户带来价值？

在考量价值性时要切记不要从自身角度出发进行思考，而是要切实地关注到目标客户的真正需求，只有这样才能创造出对其有价值的产品与服务。

（三）创新的四大类型

依照不同的标准可以将创新划分成许多种类，这里我们借用鲁百年的划分依据，依照创新时风险与机遇的大小将创新分为四大类型，分别是变革创新、市场创新、品类创新与运营创新。

1. 变革创新

变革创新的对象一般是社会整体，其创新内容通常会成为划时代的标志。比如蒸汽时代（工业时代 1.0）向智能化时代（工业时代 4.0）的迈进。变革创新会对社会与国家产生巨大的影响，但同时也会带来巨大的风险，因此可以说变革创新的过程是充满风险的过程，变革创新也是难度最大的一种创新。

2. 市场创新

市场创新的对象一般是企业，是指企业通过引入并实现各种新市场要素的商品化和市场化，以开辟新的市场，促进企业生存与发展的新市场研究、开发、组织与管理等一系列相关活动，包括营销手段的革新，例如利用互联网进行网络直播以及营销观念的更新等。与变革创新相比，市场创新的风险相对来说较低，但风险仍旧大于机遇。

3. 品类创新

品类创新又被称作产品创新，是我们熟知的一种创新类型。品类创新要求创新者清晰地描绘出目标客户的画像并站在目标客户的角度上，以满足其需求为目的进行创新。与变革创新、市场创新相比，品类创新的风险小、难度低。

4. 运营创新

运营创新是指对企业内部的流程、规范以及规章制度等进行变革。我们也可将运营创新称作服务创新。运营创新的风险与其他三种创新类型相比是最小的，难度也是最低的。但需要注意的是，运营创新也同样需要创新者从目标客户的需求出发进行创新。比如，以前要去图书馆自习的同学需要早起在图书馆外排队抢座位，随着互联网技术的进步，图书馆开设了网上预约自习座位的服务，免去了同学们占座的麻烦，这种以学生为中心的变革就叫作运营创新。

二、框架内创新

许多人认为创新灵感的迸发是刹那之间的事情，是一种可遇而不可求的事情。但当我们仔细剖析每一个创新过程时会发现，每一种新想法的产生抑或是灵感的迸发都遵循一定的模式，在这里我们采用德鲁·博迪（Drew Boyd）与雅各布·戈登堡（Jacob Goldenberg）的说法，将这种模式统称为"框架"。德鲁·博迪与雅各布·戈登堡在其著作《微创新：5 种微小改变创造伟大产品》中提出：创造力的提升源于对思想的制约，而非放任。在需要用创造力来解决问题时，先明确你的所需，限定一个框架，然后在框架内寻找答案。这远比漫无目的地发散思维或静候灵感降临更有效。

那么何为"框架"？我们又应该如何去寻找"框架"呢？现有的经验、认知甚至已存在的一切素材都能够被称作"框架"。大多数人认为要实现创新需要突破思想的禁锢，跳出框架去思考，但事实恰恰相反，要想实现创新必须以现有的经验或素材为基础，在此基础上进行调整与变革，从而实现创新。詹姆斯·韦伯·扬（James Webb Young）在其著作《产生创意的技巧》中提出"新想法不过是把以前的事物重新组合罢了"，这些现有的经验、素材以及旧事物就是我们所说的"框架"。

为了进一步对"框架"进行了解，在这里借用德鲁·博迪在其书中列举的一个生动的例子来说明。1968 年，在墨西哥城举办的奥运会赛事中，理查德·迪克·福斯贝里（Richard Dick Fosbury）凭借其独创的背越式跳法摘取了跳高项目的金牌。福斯贝里的跳法与当时跳高界盛行的跨越式跳法大相径庭。在跨越式跳法中，跳跃者面向横杆，助跑起跳，身体一侧先着地；而福斯贝里则是侧面朝向横杆助跑，在腾空而起时背向横杆。

在之后的采访当中，福斯贝里向大众透露了背越式跳法是如何被创造出来的秘密：福斯贝里在 10 岁时接触跳高，在当地的体育馆中，他模仿其他孩子的动作，学会了体能消耗大而且已经落伍的剪式跳法。之后福斯贝里尝试使用跨越式跳法，但都失败了，因此他一直使用传统的剪式跳法参赛。

但在比赛的过程中，福斯贝里意识到要想提高成绩，他必须对现有的剪式跳法做一些改进与调整。因为在使用剪式跳法时，福斯贝里的背部很容易撞杆，为了弥补这一缺陷，福斯贝里尝试抬高臀部，这样会使他不自觉地压低肩膀。因为福斯贝里的调整是逐步进行的，当他开始在赛场上崭露头角时人们才发现他的跳法与其他人都不同。2003 年，运动专家们评价"福斯贝里跳"是体育史上的一次重大革命。在他们的评价体系中，塑胶跑道和运动跑鞋等发明只得到了 2～3 分，而"福斯贝里跳"的平均得分为 5 分。

"福斯贝里跳"的产生过程向我们生动地展示了创新灵感是如何在框架内产生的：在研发新的跳高技巧时，福斯贝里将已有的剪式跳高经验与实际情况相结合，对传统的剪式跳高逐步进行微调，创造出了现今广为人知的背越式跳高方式。在整个创新过程中，福斯贝里所运用的"框架"就是剪式跳高的技巧以及运用剪式跳高时会出现的问题，因此是"框架内思考"帮助福斯贝里实现了创新并获得成功。

案例分析：请阅读以下产品说明，与你的同伴聊一聊这些产品的创新框架是什么。

产品1：可拆卸的排插。当我们在使用传统排插时会遇到这样的困扰，那就是传统排插很难满足我们将每个插孔都插上电器的需求。由于传统排插每一个插孔之间的间隔相对较小，我们很难将每一个插孔都利用起来。可拆卸排插的设计者发现了排插用户的需求之后将传统的排插进行了改进，每一个插孔都能够被独立地分离出来，并且用户可以随意调整插孔的顺序与位置，从而达到充分利用插孔的目的。该产品的设计过程利用的框架便是传统排插，在框架中对顺序以及位置进行调整，实现了创新性的改造。

产品2：易拉的易拉罐。我们在开启易拉罐时总是会遇到这样的难题：当我们的指甲过短或手指受伤时，要想开启易拉罐是十分困难的。这时的易拉罐并不"易拉"。"易拉的易拉罐"设计者便力图帮助人们解决这种困扰。设计者将该圆套圈设计为一边略高一边略低的形式，将圆套圈固定在易拉罐上时，低的一边与易拉罐罐体平行，高的一边略微高出罐体。当我们想要开启易拉罐时，只需要将拉环从低的一边扭转至高的一边，如此一来，拉环与罐体中间便会出现间隔，以方便对易拉罐进行开启。在案例中，创新的框架为传统的易拉罐罐体，在传统的罐体之上做出的一点小改变便能够满足用户的需求、实现创新。

三、创新的三大要素

创新成果的产生并不是偶然的灵感闪现，而是大脑在合适的环境中以及正确的思维框架下进行创造性思考活动的结果。创新成果的产生不仅仅是对目标对象的改造，在创新的过程中需要颠覆原有的思考模式，对现有的思考方式进行革新，而要达到这个目标，我们就需要跳出习以为常的环境、合作模式甚至是行为习惯。以下三种要素对创新灵感的激发起着至关重要的作用，如何利用这三种要素充分地调动起我们的创新能力是接下来需要讨论的问题。

（一）创新环境的创造

创新能力的提高以及创新灵感的迸发需要一系列外部因素与内部因素的共同作用。这里的环境就是我们所说的外部因素。环境是影响创新能力形成的首要因素，我们会发现在一个循规蹈矩、推崇规章制度以及崇尚一言堂的环境中很难使创新能力得到提高，更不用说迸发出创新灵感。那么什么样的环境能够帮助我们实现创新？什么样的环境能够激发创新灵感？

首先，要想实现创新需要一个鼓励创新的大环境。这里的大环境，包括整个社会环境也包括每个人所处的组织中的环境。当一个社会或是一个组织将鼓励创新作为其所秉承的原则时，该社会或组织中的一切软件条件与硬件条件都会为创新行为提供支持，为创新灵感的形成提供助力。

其次，创新的实现有赖于创新文化与容错机制的建立。无论对社会、组织还是个人来说，创新文化对于创新灵感的激发都是十分重要的。如何判断一个社会或组织是否具备创新文化呢？每当一个大胆的想法被提出时，如果想法提出者收获的是积极的肯定，并且其所在的社会或组织能够尽全力将想法付诸实践，这就说明该社会和组织具备良好的创新文化。另外我们需要知道，创新的过程并不是一帆风顺的，将一个灵感变为现实的过程中往往充斥着大量失败的经验。对于创新，我们需要承认的是这并不是一个简单的过程，创新意味着我们目前所做的一切在之前并没有人去做过，所以在这个过程当中更需要耐心与包容。任何鼓励创新的社会与组织都需要创造一个积极氛围，在这个氛围当中失败是被允许的，这是一种试验文化，也可以被称作一种容错机制。当然我们需要注意的是，容错机制并不等同于无限度的包容，容错机制是在保证遵守法律法规以及基本原则之上的包容。

最后，创新灵感的出现一定发生在一个专用的开放空间中。据说，皮克斯公司的动画创作者们在一次简单的午餐会上就构思出了《虫虫特工队》《怪物公司》《海底总动员》《机器人瓦力》等几部动画电影的主要情节与角色。如果让这些创作者坐进小小的工作间，一边对着电脑一边冥思苦想如何创造出一部有趣的动画，那么可能我们就无法欣赏到这些梦幻般的故事了。开放的空间环境能够激发大脑活跃度，并且能够最大限度地促进随意性交流，这些都是创新灵感迸发的重要保证要素。《创造力公司》一书中讲述了一则关于 20 世纪 90 年代末史蒂夫·乔布斯（Steve Jobs）为皮克斯设计新办公楼的轶事。按照卡姆尔（Catmul）的说法，乔布斯为皮克斯一栋单独的大楼定下了一些原则，其中一条原则就是"要鼓励人们见面与交流"。

（二）创新人员的构成

想要激发出创新灵感，除了对环境有所要求外，对于创新主体也有一定的要求。首先，在一个创新空间当中，在激发创新灵感的过程中，人员的构成一定要具备多元化的特点。多元化的人员意味着在一个团队里，应当尽可能地融合具备不同学科背景的专业人员，切忌人员构成单一化。卡里姆·拉克尼（Karim Lakhani）和拉斯·波·杰朴森（Lars Bo Jeppesen）在 2007 年 5 月出版的《哈佛商业评论》中写道："激进的解决方案往往出现在不同领域的交叉处。""参与解决问题的人差别越大，那么问题被解决的可能性就越大。人们喜欢把问题和自身在工作中遇到的问题联系起来，即便是不同的领域。"在创新性解决问题的过程中，要确保参与的人来自不同的领域，创建跨领域的团队。

其次，作为创新的主体，应当有意识地对一些有助于实现创新的特质与技能进行培养。第一，作为创新主体应当善于建立联系，能够发现不同事物之间的内在联系；第二，勤于质疑，具备独立思考的能力；第三，目标清晰，能够明确目标并且能够为了实现目标不懈奋斗；第四，具备开放、包容的心态，能够以理性的态度处理不同意见，不轻易否定他人的想法；第五，能够有意识地不断拓宽自己的眼界，提升自己的直觉。

（三）创新工具的使用

创新不仅需要创造合适的外部环境，找到符合条件的人员，还需要一套行之有效的方法。创新方法论能够帮助我们更快、更好地实现创新，将创新流程化、标准化，使创新有迹可循。在下一节中，本书会分别对批判性思维与设计思维进行详细的介绍，对批判性思维与设计思维之于创新的意义进行说明并充分阐述应当如何利用批判性思维与设计思维实现创新。

第二节 批判性思维、设计思维与创新

上一节中我们已经对创新的内涵与本质进行了说明。本节将主要对批判性思维、设计思维与创新之间的关系进行论述。我们将从概念的诠释开始逐步揭示批判性思维、设计思维与创新的关系。

一、批判性思维的定义

批判性思维最初的起源可以追溯到苏格拉底（Socrates）。在现代社会，批判性思维被普遍确立为教育特别是高等教育的目标。因其没有学科的限制，任何主题和专业的论题都可从批判性思维的视角来审查。美国伊利诺伊大学教授罗伯特·H.恩尼斯（Robert H. Ennis）提出"批判性思维（critical thinking）是一种理性的、反思性的思维，它决定了人应该相信什么和做什么"。该定义说明了批判性思维的两大特征为理性与反思。我们也可以将批判性思维视作通过一定的标准评价思维，进而改善思维的能力，其既是思维技能也是思维倾向。同时批判性思维也是一种思维素养、一种人格或气质。它既能体现思维水平，也可以凸显现代人文精神。

批判性思维是人类思维发展的高级阶段，它包含着如何质疑以及如何判断。如何质疑也就是学会提问，这是批判性思维的基础；如何判断也就是学会解答，用有说服力的论证和推理给出解释和判断，包括新的、与众不同的解释和判断。把这两个特征结合在一起，批判性思维就是以提出疑问为起点，以获取证据、分析推理为过程，以提出有说服力的解答为结果。在这个意义上，"批判性"（critical）不是"批判"（criticism），因为"批判"总是否定的，而"批判性"则是指审辨式、思辨式的评判，多是建设性的。

讲到这里，便不得不提审辨式思维。曾几何时，批判这个词是跟斗争紧密联系在一起的。其实正如上文所述，批判性思维并非否定一切，而是不断地进行反思、理性地进行思考。纵览古今中外，几乎所有的领袖都善于进行批判性思考。有人主张用更贴近我们传统文化与认知的"审辨式思维"来取代"批判性思维"，那么"审辨式思维"与"批判性思维"等同吗？是否能够相互替代呢？审辨式思维的概念来自传统文化"博学、审问、慎思、明辨、笃行"。审辨式思维是一种判断命题是否为真或者部分为真的方式，是学习、掌握、使用特定技能的过程，是一种通过理性达到合理结论的过程。在这个过程中包含基于原则、实践和常识之上的热情和创造。尽管审辨式思维与批判性思维的概念有相似之处，但使用"批判性思维"的说法更能体现该思维方式的特质。

二、设计思维的定义

设计思维在不同的语境下可以有非常多不同的定义。从广义上来讲，设计思维既是一种积极改变世界的信念体系，也是一套进行创新探索的方法论系统。设计思维以人们生活品质的持续提高为目标，开展创意设计与实践。我们可以将设计思维的思维方式大致分为四种：逆向和顺向的思维方式、发散和聚集的思维方式、转换与位移的思维方式、创新与关注细节的思维方式。我们所说的设计思维是指来自斯坦福大学设计学院的设计思维方法论，其被称为设计思维五步法，它包含的五个步骤分别是移情、定义、设想、原型、测试，各步骤的具体运作方式将在后面的章节中介绍。

设计思维是发现核心问题和实现创新的基本工具。利用设计思维，我们不仅可以成为某一款产品的设计者，也可以成为生活的创新者。我们有些时候会习惯性地屈从于权威、被动接受一切被认为是"对"的信息和知识，在解决问题时倾向于认为只有单一的解决方式，因此遇到困难时难免会"钻牛角尖"，或被某一特定观点蒙蔽了双眼。如果我们长期以这种固定的思维模式思考和生活，将难以培养独立思考的能力和养成多角度思考的习惯。通过对设计思维的学习，我们可以改变思路，找到另一种思考的维度。

三、批判性思维、设计思维和创新的关系

尽管目前人们已经达成共识——"创新"已经成为未来高质量人才必不可少的能力素养，但是如何使用科学的方法锻炼自身，从而成为"创新型人才"仍是亟须解答的难题。在学习创新知识或培养创新能力时，很多人都难免陷入"创新等同于灵光乍现"的误区。事实上，在认识和改造世界的过程中，创新思维并不会突然从无到有，即使灵感一闪也应当是基于实践的结果。创新的同时要随时运用批判性思维辅助修正；在进行批判性思考时也需要运用创新思维，两者在思维活动的过程中共同发挥作用。

批判性思维能力与创新能力的要求与标准在一定程度上存在相通之处。1990年，46位批判性思维学者在《德尔菲报告》的"专家共识声明"

中指出:"理想的批判性思考者喜欢探索、全面了解、信任理性、思想开放、立场灵活、评价公正、诚实面对个人偏见、判断谨慎、愿意重新思考、清晰理解论题、对复杂问题思考有条理、不倦地搜寻有关信息、选择标准合理、考察专注并且不懈地追求题材和条件允许的最精确的结果。"心理学家J.P.吉尔福特(J. P. Guilford)对创造性个体的个性特征进行了深入研究,结果表明创造性人才的共同个性特征如下:

(1) 有高度的自觉性和独立性,不肯雷同。

(2) 有旺盛的求知欲。

(3) 有强烈的好奇心,喜观深究事物的机理。

(4) 知识面广,善于观察。

(5) 工作中讲求条理性、准确性与严格性。

(6) 有丰富的想象力、敏锐的直觉,喜好抽象思维,对智力活动与游戏有广泛兴趣。

(7) 富有幽默感,表现出卓越的文艺天赋。

(8) 意志品质出众,能排除外界干扰,长时间专注于某个感兴趣的问题。

依据上述内容,对批判性思维态度和创新个性加以比较,不难看出,批判性思维的特质与创新思维的特质在很大程度上是相同或相似的。这就意味着,通过批判性思维训练,在锻炼批判性思维习性与技能的同时,在很大程度上也是在培养创新个性。

批判性思维的实施过程需要创新思维提供动力目标。批判性思维是获得新知识、发现真理的必经之路。创新思维的常见表现形式包括发散思维和聚合思维,即发散性思维和收敛性思维。一个好的论证是经过正反多方面思考、探索、比较、分析、综合之后的结果,是发散思维与聚合思维的结果。因此,批判性思维的实施过程需要发散性思维与收敛性思维共同发挥作用,也就是说,需要创新思维提供动力支持。

创新思维实施的过程中同样也需要批判性思维，可以说，批判性思维是创新思维的前提基础。创新思维始于问题的提出，终于问题的解决。心理学家 G.澳勒斯（G. Wallas）将创新思维过程分为四个阶段：准备阶段、酝酿阶段、明朗阶段和验证阶段。其中，准备阶段是发现问题，提出创造性问题，并收集与问题相关的信息材料，对这些信息材料进行整理和加工；酝酿阶段是在第一阶段收集材料、加工整理的基础上，对问题进行试探性解决，提出各种试探方案；明朗阶段是在上一阶段酝酿成熟的基础上，思维主体头脑中出现灵感，产生顿悟，进而产生新思想、新认识；验证阶段的主要任务是对第三阶段得到的初具轮廓的新思想、新认识进行检验和证明。从以上四个阶段的主要工作来看，每一个阶段都少不了批判性思维的辅助与支撑。审查所收集材料的可靠性、真实性；对各种可能的方案进行评价、比较、分析；出现灵感，产生顿悟，进而产生新认识、新思想；检验新成果的论证是否合乎逻辑等一系列创新工作都依赖于批判性思维原理与方法的运用。

在生活中我们经常见到一些产品，设计师设计的最初目的和使用者最终的使用方法大相径庭，可参见城市跟踪者何志森在《一席》中的演讲。从何志森的演讲中我们就可以看出，设计者如果只站在自己的角度上"替"用户去想问题，那么设计出来的产品或许并不是大众需要的。因此，想要做出好的设计或更好地解决生活中的各种问题，避免"自我中心主义"就非常重要。自我中心主义是心理学家让·皮亚杰（Jean Piaget）提出的一个概念，它是指婴幼儿的判断和行为有受自己的需要与感情强烈影响的倾向。而作为成年人，我们也无法摆脱自我中心主义的束缚，在决策与行动时往往缺乏理性、忽略事实。那么如何才能在实践设计思维的过程中规避"自我中心主义"呢？答案就是先学会批判性思维，利用批判性思维进行理性与反思性的思考。

设计思维五步法是一种思维方式，有其特定的步骤，并且可以用于不同的项目和人群。设计思维为创新提供了一套完整的流程。我们在运用设计思维时，会发现有大量批判性思维所提倡的能力与态度被应用在整个创新的过程中。例如在了解用户需求的时候，必须要客观、公正地去观察、调研以了解用户的真实想法；在进行案头调研的过程中，需要运用批判性思维理性地分析，筛选出真正关键和有用的信息；在进行主要问题的界定时，必须不断地对自己的目的进行反思，避免发生目标的过程性迷失。我们会发现，批判性思维与设计思维并非两种单一的相互独立的思考方式，它们在创新的过程中相互融合、密不可分。如果我们想要设计出具备创新性的产品、更好地解决各种问题，那么应该同时进行批判性思维、设计思维与创新的学习，在实践中不断反思，在反思中更好地实践，只有将批判性思维与设计思维进行内化，我们才能距离真正的创新更进一步。

因此，批判性思维与创新思维并不是完全割裂的两种思维，批判性思维态度与创新个性、批判性思维与创新思维之间存在十分密切的关系，批判性思维与创新思维相互辅助、相互促进。值得注意的是，虽然两者相辅相成，但是批判性思维与创新思维仍各有其侧重点：批判性思维更强调观点或论证的清晰性、一致性、合理性，创新思维更强调观点或论证的新颖性、灵活性与流畅性。

综上所述，"创新"包括创新个性、创新思维和创新能力等多重构成要素。想要成为创新型人才，这些素质缺一不可。因此，培养批判性思维有助于培育和激发创新思维。批判性思维对培养创新性人才的重要作用是不容忽视的。

本 章 小 结

1. 创新是为了自身需求，运用已存在的事物或经验，打破常规，产生新成果的能力或行为。

2．创新的三大特质为独特性、可行性、价值性。

3．实现创新的三大要素包括创新环境的创造、创新人员的构成以及创新工具的使用。

4．批判性思维、设计思维与创新的关系为在创新的过程中，批判性思维与设计思维相互融合、相互交织。

第二章　打开创新的大门

本章导读

辩证思维（批判性思维）强调承认矛盾、分析矛盾、解决矛盾，善于抓住关键、找准重点、洞察事物发展规律，创新思维旨在科学应变、引领时代。学好用好科学思维方法，我们就能用普遍联系的、全面系统的、发展变化的观点观察事物，把握事物发展规律。党的二十大报告深刻阐述了"必须坚持问题导向"的观念，强调增强问题意识、坚持问题导向，就是承认矛盾的普遍性、客观性，因此，在批判性思维八要素中，需要应用好问题要素。

本章主要介绍了批判性思维的定义、来源、技能、态度、意义、特征、要素以及一些批判性思维工具。目的是帮助读者认识批判性思维的重要性及其对创新的影响，提供了批判性思维的全面框架，从理论到实践，从个人反思到逻辑推理，旨在提升个人的思考能力和决策质量。

第一节　批判性思维

批判性思维或称批判性思考，是指通过事实形成判断的思考方式。因批判性思考本身具备复杂性，所以具有许多不同的定义，一般包括理性的、保持怀疑的、无偏见的分析和对于事实证据的评估。在西方的教育体系中，批判性思维的培养被普遍确立为高等教育的基本培养目标，被认为是每个接受过高等教育的人都应当具备的思维模式。本节我们将从批判性思维的起源、定义与特质、学习批判性思维的必要性三个方面对批判性思维进行介绍。

一、批判性思维溯源

20世纪70—80年代美国兴起的批判性运动，对批判性思维的概念进行了丰富的探讨，到目前为止，想要充分了解和把握批判性思维是什么，就必须追溯到语源学以及批判性思维相关的领域上。

（一）批判性思维语源学考察

批判性思维（critical thinking）的思想根源于其词源 critical，该词有两个希腊词源：kritikos（意为恰当的判断）和 kriterion（意为标准）。从语源学上来讲，批判性这一概念应该理解为建立在某些标准之上的合理判断。

西方媒体时常将批判性的人错误地描写为喜欢吹毛求疵，怀疑、否定、挑剔、苛求，专注于琐碎的错误，过于严格要求或乖张而难以讨人喜欢，缺乏自发性、想象和情感。《韦伯斯特同义词词典》指出 critical 具有苛评、挑剔、吹毛求疵、无端指责等展示一个人发现和指出错误或缺陷的意思。然而，"批判的"这一语词的准确用法并未有这种刻板印象的意思。此外，当应用于判断之人和其判断时，该词的含义可能意指清楚、真实和公平地看待一件事物，因而不仅可以区别好与坏、完美和不完美，还可以对事物做出公平判断和估价。

在批判性思维的概念传入中国后，学者们对于 critical thinking 的翻译也是经历了很长一段时间的讨论。受当时社会环境影响，导致大众对"批判"一词产生消极的负面联想，因此，学者们对于 critical thinking 采取了较为软性的翻译，一般译为"批评性思维""评判性思维"等。但这种译法并不可靠，间接导致一些教育工作者、学生甚至是家长都错误理解了 critical thinking skills（批判性技能）并在教育教学中进行了错误的指导。因此基于

critical 一词的词源考证和当代权威学者对 critical thinking 的描述，部分学者将其译为"明辨性思考"或"分辨性思考"，以汉语的"辨"字来传达古希腊文 krinein（分开、分辨）的意思。这样，无论是古义或今义，都更为贴近 critical thinking 的真正意思。

那么对于 critical thinking 更为贴切的译法和理解应该是什么呢？这就需要全面考察 critical 一词的来源、演变、语义及其用法。

1. 词源含义

《牛津英语词源词典》指出，critic 源于拉丁文 criticus，而 criticus 又源于希腊文 kritikos，kritikos 意指"有辨别或裁决能力的"。critic 的同源词有 critical、criticism、critique 等。所以，学者们基本公认，critical 源自两个希腊词：kritikos（辨别，判断）和 kriterion（标准），从词源上讲，critical 意味着"基于标准的辨别性判断"。

我们可以从与 critical 同源词的两个词 criticism、critique 当中理解其代表的意义，更有助于帮助我们理解 critical thinking 的真实内涵。

一般说来，criticism 指对艺术或文学作品的透彻分析、解释和评估，其中主要考虑作品的基本性质，艺术家或作者的意图，该作品对大众的影响，它与类似风格或内容的作品之关系，它对后续作品的影响以及它对批判理论的含义。与 critical 同词源的另一个词 critique 意为一个人打算决定论题、观念、事物或情景的基本性质，其优势和局限以及对它在何种程度上符合已被接受的标准、信念或假设的批判性考察。有时被用作评论（review）的同义语。

对 critical 等相关语词的词源学考证和用法分析表明，critical 一词有质疑、理解、分析和评估之意。正是通过提问、理解和分析，人们审查自己的和他人的思维。critical 意指心灵的一种评估活动。按其本来的意思，critical thinking 是基于某个标准判断断言的合理性和准确性，或者确定一个结论在何种程度上被已有的证据所证明。批判的目标是一种对想法和行动的中立的、客观的评价。批判既要评价一个对象或情境的优点，也评价其缺点，据此做出判断。

可以看出，与"批判"相关的同源词尽管其原本的意思并没有突出质疑、找缺陷、否定之意，但是，分析、评估和判断必定内在包含这些方面。而且，这些与"批判"相关的同源词在使用中，尤其是在非技术性使用中，找缺陷或否定变成了占支配地位的含义。

2. 批判性思维的确立

近现代，批判性思维这个词的兴起与确立离不开约翰·杜威（John Dewey）。19 世纪 80 年代，约翰·杜威便开始使用批判性思维和反省性思维的相关概念：critical thought（1887），critical thinking，uncritical thinking 和 reflective thinking（1909）。杜威 1910 年的著作《我们如何思维》中阐述的"反省性思维"（reflective thinking）被视为现代批判性思维兴起的标志，但杜威在其中同时使用了 critical thinking："……这个步骤的存在或不存在形成了适当反省或得到保护的批判性推论与不受控思维的差异……批判性思维（critical thinking）的本质是悬置判断；这种悬置的本质是在开始尝试解决问题之前确定问题本质的探究。"

总结来看，杜威的"反省性思维"是批判性思维的探究模型。在杜威那里，认识、探究、科学方法、反省性思维的过程都是或多或少可以互换的术语。它们都与杜威的批判性思维概念相近。反省性思维和批判性思维的第一个核心要素是"悬置判断"，此时人们处于怀疑、踌躇、困惑的心理状态，这一状态引起思考，随之而来的第二个核心要素便是运用各种方法寻找新材料以证实或反驳出现的暗示。保持怀疑状态，进行系统而持久的探究，是反省性思维或批判性思维的本质。而批判性思维和非批判性思维的区别首先在于是否存在怀疑。这一包括并突出否定、质疑要素的反省性思维的概念与当今主流的批判性思维概念完全吻合，也与批判性思维的人格化身——苏格拉底的理念相一致。

兴盛于20世纪20—50年代的美国进步教育运动，接受和发展了杜威对反省性思维的强调，成为当时批判性思维的主要促进事件。在30年代进步教育协会的"八年研究"中，批判性思维和清晰的思维替代了反省性思维。直到1942年，美国国家社会研究理事会出版了主题为"在社会课程中教授批判性思维"的年鉴，年鉴的题目使用了critical thinking，自此critical thinking这个词在美国文化中稳固确立，批判性思维这个称呼才占据了主导地位。

通过对critical thinking的词源及历史的考察，将critical译为"批判（性）的"是恰当的。其一，批判性思维和诸多概念相关联。英文中有大量用critical组成的语词，比如，critical reading（批判性阅读）、critical listening（批判性聆听）、critical writing（批判性写作）等；思想流派有critical cognitivism（批判认知主义）、critical ethics（批判伦理学）、critical idealism（批判唯心主义）。其二，正如思维教育家爱德华·德·波诺（Edward de Bono）指出的，将critical只当作评判或评价，事实上弱化了critical thinking的主要价值——通过攻击和消除一切伪装来彰显事实与真相。其三，critical thinking改译后，也会产生望文生义的缺陷，无法看出基于充分理由的怀疑、质疑和改善的含义。因此，将critical thinking译为批判性思维已经得到普遍认可和应用。

（二）批判性思维定义的发展阶段

批判性思维从诞生到发展，其定义和内涵一直在发生变化，斯特赖布的博士论文《批判性思维的历史和分析》将批判性思维及其相关概念的定义、意义确定过程划分为四个阶段。

1. 第一阶段：1910—1939年

实用主义者查尔斯·桑德斯·皮尔士（Charles Sanders Peirce）和杜威从民主社会与科学的视角看到了批判性思维的重要性。皮尔士认为哲学应该是批判的常识主义，"理性的第一规则是不阻挡探究，而未受批判的常识往往是探究的最大障碍。由于把理性的原则当作是一个公理系统或自明真理系统的概念遭到排斥,因而常识的批判性审查是剩余的唯一方法,科学原则可以依靠它组织起来"。从他的论述当中,可以看出批判性思维已经开始被重视起来。

杜威在他的论述中既使用批判性思维又使用反省性思维。反省性思维是对任何信念或被假定的知识形式,根据其支持理由以及它所指向的进一步的结论,予以能动、持续和细致的思考,包括自觉自愿地尽力在证据和合理性的坚固基础上确立信念。每一个反省运作都包括两个元素:一是困惑、踌躇、怀疑的状态;一是竭力揭示用来支持或取消被提议信念的更多事实的搜索或探究。在心中反复考虑、反省,意味着搜寻发展另外的证据、新事实,或者证实它,或者使它的荒谬和不相干更为明显。杜威反省性思维的看法影响了之后对于批判性思维的定义。

2. 第二个阶段:1940—1961 年

这个阶段的批判性思维定义明显受到杜威影响,扩展了杜威的反省性思维概念。爱德华·M.格拉泽(Edward M. Glaser)、大卫·H.拉塞尔(David H.Russell)和 B.奥塞内尔·史密斯(B. Othanel Smith)将"陈述的审查"包含于其中,拓展了批判性思维一词的意义。

格拉泽的《批判性思维发展的实验》具体化了批判性思维的概念。格拉泽指出一个批判地思考的人具有三个属性:

(1)倾向于以深思的方式考虑一个人经验范围内的难题和主题的态度。

(2)具有逻辑探究和推理方法的知识。

(3)应用以上方法的某种技能。

良好的批判性思考者具有这样一些基本技能:识别问题,知道解决问题的可行手段,收集和整理相关信息,辨认未陈述的假设和价值,理解和运用具有准确性、清晰性和分辨性的语言,解释数据资料,评价证据和评估论证,认识到命题之间存在或不存在的逻辑关系,得出有正当理由的结论,检验所得出的结论,在广泛经验的基础上重建一个人的信念模式,对日常生活中的具体事物和品质做出准确判断。

拉塞尔是美国教育研究协会和英语教学理事会会长，他提到："批判性思维……是按照某些标准评估或归类的过程。它是一种对数据资料的逻辑审查，帮助使用者避免谬误和仅仅基于情感判断的思维过程。"他把批判性思维列为解决问题不可缺少的活动之一，作为创造性思维的一个方面。拉塞尔认为大多数儿童并不能独立学会批判地思考，他们需要通过帮助而成为批判性思考者。拉塞尔还在对思维过程的评论中注意到对批判性思维的不同解释，批判性思维被看成是下述说法的同义语：抽象和组织信息的能力、得出结论的能力、搜寻相关材料的能力、评估数据资料的能力、比较信息来源的能力、具有不轻信的态度、区分事实与意见、察觉宣传和应用逻辑推理的能力。

史密斯的观点受到杜威逻辑研究的影响，他主持的伊利诺伊批判性思维计划开始于1954年，是最早的大规模与批判性思维概念相关的研究。该研究的总体目标是"为实现学生健全的思考能力制定有效的教授方法和教学材料，阐述包括在推理评价和控制中逻辑的、语义学的和科学方法的概念和原则"。它所定义的批判性思维是：批判性思维是满足遵守逻辑规范的既定方法以及判断和推理的能力。

3. 第三个阶段：1962—1979年

罗伯特·H.恩尼斯（Robert H. Ennis）、爱德华·D.丹吉洛（Edward D. Angelo）等人狭义化了批判性思维的解释，将问题解决和科学方法排除在外，只包括陈述的评价。

1962年恩尼斯将批判性思维定义为"陈述的正确评价"。恩尼斯的这个定义受到20世纪50年代英美语言哲学家的影响。当时人们普遍相信，哲学要么是关于语词、陈述和语言的，要么什么都不是。恩尼斯本人把批判性思维的焦点置于陈述的正确评价完全适合这个环境，而省略价值陈述的判断。

丹吉洛认为，批判性思维基本上是探究的评估性形式。批判性思维不是一种单一的技能，而是用于表示许多种技能的一般术语，区别事实与意见，辨识和评估假设，发现谬误论证，只不过是这些技能的一部分。丹吉洛在研究批判性阅读时指出，批判性阅读不只包括学会某些技能，也包括对所读之物的批判性态度。态度影响人们批判地思考的能力。偏见和先入之见妨碍读者准确判断和评价某些读物的能力。虽然批判性思维一直有不同的定义，但普遍同意批判性思维是探究的一种形式，旨在评估和证明陈述。

4. 第四个阶段：1980—1992年

在罗伯斯·H.恩尼斯、约翰·E.梅可派克（John E. McPeck）、哈维·西格尔（Harvey Siegel）和理查德·W.保罗（Richard W. Paul）的定义中，批判性思维又被拓宽，包括了问题解决的诸多方面。

恩尼斯在第二次对批判性思维做定义时，在"信"之外加上"做"。恩尼斯指出，最为普遍使用的批判性思维概念应该是："批判性思维是聚焦于决定相信什么或做什么的合理的、反省的思维。"恩尼斯认为此概念的重大特性是聚焦于信念和行动，依据人们在日常生活中实际做或应该做的事情，强调帮助我们评估结果的标准。

梅可派克认为，批判性思维可定义为以反省的怀疑论从事一种活动的倾向和技能。"反省的"指的是熟思的质量或水平。

西格尔将批判性思维等同于合理性。批判性思维与合理性有同样的外延。成为一个批判性思考者就是要恰当地据理由而行动。批判性思维最好被构思为合理性的同根词：批判性思维涉及影响所有与信念和行动合理性相关的问题。

保罗认为，批判性思维包括分析三个关键维度：思想的完善、思想的要素和思想的领域。在此基础上，批判性思维定义：批判性思维是规训的、自我导向的思维。

第四个阶段之后，由于批判性思维已在发达国家甚至一些发展中国家的教育系统中确立了重要地位，有更多的研究者加入对批判性思维概念的探讨中，因此从 1991 年开始持续至今，对于批判性思维定义的共识依然处于热烈讨论阶段。

（三）批判性思维发展

在了解了批判性思维内涵的更迭后，让我们简要地从时间线上来梳理批判性思维的发展。

批判性思维的起源可追溯到 2500 年前的苏格拉底的教学实践和愿景。苏格拉底通过探究方法发现人们无法合理地证明自己对知识的主张是合理的。含糊不清的含义，证据不足或自相矛盾的信念常常潜伏在华丽但基本上是空洞的言辞之下。苏格拉底确立了这样一个事实，即人们不能依靠"权威"中的人来拥有健全的知识和见识。他证明了即使人们可能拥有权力和崇高地位，却可能仍旧深感困惑和不理性。他明确了在我们接受值得信奉的观念之前，提出深层问题的重要性。

苏格拉底确立了寻找证据、仔细研究推理和假设、分析基本概念的重要性。他的提问方法现在被称为"苏格拉底式提问"，是最著名的批判性思维教学策略。苏格拉底在提问方式中强调了思考清晰和逻辑一致的必要性。

在苏格拉底对批判性思维进行实践之后，柏拉图（Plato）、亚里士多德（Aristotle）和希腊怀疑论者对于批判性思维进行运用，这些人都强调事物通常与表象大不相同，只有训练有素的头脑才能够进行准确的认知。批判性思维就是对头脑进行强化训练的有效工具。

15 世纪和 16 世纪的文艺复兴时期，欧洲大量的学者开始对宗教、艺术、社会、人性、法律和自由进行批判性思考。他们假设人类生活的大多数领域都需要进行分析和批评。弗朗西斯·培根（Francis Bacon）看重信息的收集过程，为现代科学奠定了基础。其著作被认为是提倡批判性思维的最早著作之一。近代的笛卡尔（Descartes）在法国撰写了《思想指引》一书，笛卡尔在书中主张有必要对思想进行特殊的系统训练，他明确指出了思维清晰性和准确性的必要性，并认为思维的每个部分都应受到质疑、怀疑和检验。在同一时期，托马斯·摩尔（Thomas More）提出了一种新的社会秩序——乌托邦模型，该模型对当今世界的每个领域都进行了批评。他的隐含论点是已建立的社会制度需要进行激进的分析和批判。这些产生于文艺复兴时期与后文艺复兴时期的批判性思维理念为科学的兴起及民主、人权和思想自由的发展开辟了道路。

在 16 世纪和 17 世纪的英国，托马斯·霍布斯（Thomas Hobbes）和约翰·洛克（John Locke）以批判的心态开拓了新的学习视野。霍布斯采用了一种自然主义的世界观，其中的一切都需要通过证据和推理来解释。洛克则运用了批判性思维对日常生活进行分析。正是基于这种思想自由和批判性思维的精神，诸如 17 世纪的罗伯特·博伊尔（Robert Boyle）和艾萨克·牛顿（Isaac Newton）等人开始了自己的工作。博伊尔在他的《怀疑化学家》中严厉批评了他之前的化学理论。牛顿反过来发展了影响深远的思想框架，全面批评了传统认知下的世界观。在博伊尔和牛顿之后，那些对自然世界进行了认真思考的人认识到，必须放弃以自我为中心的世界观，应当完全依赖经过仔细收集的证据和合理推理而得出的观点。

18 世纪的思想家进一步扩展了批判思想的概念，对批判性思维的理解进行了深化。《国富论》《独立宣言》等著作都是在此背景下出现的。19 世纪，批判思想进一步扩展到了人类社会的生活领域，促成了人类学研究领域的建立。

20 世纪上半叶，批判性思维所包含的含义与性质被越来越明确地表述出来。1906 年，威廉·格雷厄姆·萨姆纳（William Graham Sumner）认识到人类生活和教育对批判性思维的深刻需求。因此，将批判性思维视为教育的目标，认为批判性思维能力教育是唯一能真正称得上塑造好公民的教育。对此，美国哲学家约翰·杜威表示同意，并提出"反省性思维"，将其解释为能广泛应用于学习过程和日常生活问题解决的"科学方法"。

20世纪20年代初到50年代，在进步教育协会的"八年研究"中，开发了评价学生思维能力的测试："数据资料解释""科学原则的应用""逻辑推理原则的应用""证明的本质"。

认知教育心理学家杰罗姆·布鲁纳（Jerome Bruner）提出认知－发现学习理论或认知－结构教学理论，倡导教师引导学生积极进行独立的思考与探索。布鲁纳对"直觉性思维"和"分析性思维"及其关系的论述，本质上阐明了创造性思维和批判性思维的本质及其关系。教育心理学家布隆姆（Bloom）创建的教育目标分类学认为，认知领域的学习目标包括知识、领会、应用、分析、综合、评估。一般认为，其中的"高阶认知"即分析、综合和评估属于批判性思维技巧。

1954年，保罗·L.德雷泽尔（Paul L. Dressel）和刘易斯·B.梅修（Lewis B. Mayhew）确认了五种批判性思维技能并研究了如何开发大学课程和教学策略来提升批判性思维。

20世纪50年代，部分高等院校提出了培养批判性思维的计划。比如B.奥塞内尔·史密斯（B.Othanel Smith）在伊利诺伊大学，恩尼斯在康奈尔大学参与的批判性思维教学和研究计划。美国相关教育组织发起通识教育评估的合作研究并探讨作为学校教育新目标的批判性思维的应用。20世纪60年代，批判性思维被应用到各种学校科目和课堂教学中。一些基于教授批判性思维的新计划在具体学科领域开始发展。20世纪70年代末，批判性思维以课程的形式首先在北美，继而在世界范围内陆续进入大学课堂，目前已成为仅次于符号逻辑与逻辑导论并驾齐驱的逻辑课程之一。

1993年，美国政府将批判性思维能力的培养列为高等教育的核心目标并提出；到2000年，具有高级思维能力、有效交流和解决问题能力的大学生的比例有显著性增加。1998年，首届世界高等教育会议发表《面向二十一世纪高等教育世界宣言：设想与行动》第九条提出高等教育机构应当教育学生成为知识丰富、目的明确的公民，能够批判地思考、分析社会问题，寻找解决社会问题的方法并运用它们解决这些问题，从而承担起社会责任。从 20 世纪末开始，大学生批判性思维能力的培养已成为世界高等教育改革的重要目标。一些世界一流大学更是把批判性思维能力培养列为其人才培养的核心目标。

二、批判性思维的概念和特质

（一）批判性思维的概念

到底何为批判性思维，不同时期的学者和机构对此问题发表了不同的看法。

1941 年，美国学者爱德华·梅纳德·贾瑟（Edward Maynard Glaser）提出"批判性思考"必须具备三项特质：倾向以审慎的态度思虑议题和解决难题；对理性探索与逻辑推理的方法有所认识；有技巧地应用上述方法。

1990 年，一些美国学者发表了联合声明，对"批判性思考"做了以下界定："我们认为批判性思考是一种有目的且自律的判断，对判断的基础如证据、概念、方法、标准等加以诠释、分析、评估、推理与解释……有批判性思考能力的人凡事习惯追根究底、认知务求全面周到、判断必出于理据、心胸保持开放、态度包容、评价必求公正、能坦然面对偏见、判断必求谨慎且必要时愿意重新思量、选取标准务求合理、专注于探索问题且在允许的情况下坚持寻求最精确的结果。"

1993 年，为明确批判性思维的核心技能和思维习惯，美国教育部相关办公室资助宾夕法尼亚州立大学高等教育学习机构实施了一项由 200 人参与的研究。研究参与者主要为决策制定者、企业雇主以及来自两年及四年学制的大专院校教师。该项研究成果表明，批判性思维的核心是认知技能，包括阐释（interpretation）、分析（analysis）、推理（inference）、评估（evaluation）、解释（explanation）和自我调整（self-regulation）。

批判性思维研究的代表人物、美国批判性思维运动的开拓者罗伯特·H.恩尼斯于1962年将批判性思维定义为一种"理性的、反思性的思考，着重于决定我们相信什么或做什么"。该描述以简洁、清晰的方式对批判性思维进行了定义，着重强调了批判性思维"理性"与"反思性"两大基本特质，是目前被认为最准确并得到了广泛运用的定义。本书将以恩尼斯提出的批判性思维定义为基础对其进行具体的说明与描述。

（二）批判性思维的特质

从上述定义中，我们可以对批判性思维的特质进行提取。具体来说，批判性思维具备以下几种特质。

1. 批判性思维是一种思维方式

批判性思维在本质上来说是一种思维方式，我们可以通过学习与训练对该思维方式进行培养与提高。不同的学者对于如何培养批判性思维有着不同的见地，但从总体上来看，大多数人都赞同应当分别从技能与态度两个方面培养批判性思维。谷振诣与刘壮虎在其著述《批判性思维教程》中提出："以掌握和运用批判性思维技术和方法为目的而进行的思维训练是批判性思维的核心。"这些技术与方法可以帮助我们识别虚假的理由、进行充足的推理并且构建理性的论证，从而实现独立思考。在强调技术与方法的同时，我们应当意识到在培养批判性思维的过程中，态度也同样起着至关重要的作用。批判性思维能力是建立在正确的态度之上的。这里的态度包括理智的正直与诚实，怀疑精神与包容精神并存。只有将态度的培养与技巧的学习相结合，我们才能够获得运用批判性思维思考的能力。

2. 批判性思维具有合理性

"合理性"（reasonable）的英文词根是reason，源自拉丁文ratio，意思是计算、分析、估测。因而理智（reason）被认为是运用经过训练的智力解决问题的能力。董毓在《批判性思维原理和方法：走向新的认知和实践》

中提到批判性思维是理性的思维，即不管是信念还是行动，都要建立在合理的基础上。这是判断信念和行动的首要原则。

3. 批判性思维具有反思性

批判性思维是对思考的再思考，特别是对于自身思维的再思考。因此，批判性思维不仅是用来发现别人缺点与不足的工具，更是通过反思自身达到提升自我思维质量为目的的工具。相比于寻找他人思维中的缺陷，对自身思维的反思与矫正更艰难，正因如此，董毓在其著述中将批判性思维视作一种自我超越与自我成长，它促使认识主体自我提升，俯瞰并评价自己的特定思考过程与观点。

三、批判性思维技能与批判性思维态度

要想熟练地运用批判性思维并成为一名优秀的批判性思考者，必须清晰地认识到批判性思维的两大基本构成，其分别为批判性思维技能与批判性思维态度。一个优秀的批判性思考者必定能够对批判性技能进行熟练的运用，与此同时兼具批判性思维态度。下面我们将对何为批判性思维技能、何为批判性思维态度以及技能与态度两者之间的关联进行讲解。

（一）批判性思维技能

在我们谈及批判性思维时，谈论最多的便是对于批判性思维的运用。具体来讲便是在生活实践当中，我们应当通过何种途径或遵循何种方法进行批判性思考。在进行批判性思考的过程当中，我们能够重点使用的技能可以被归为以下几类。

1. 论证的识别、构建以及评估

从其历史渊源来看，批判性思维起源于形式逻辑但又与传统形式逻辑之间存在着巨大的差异性。批判性思维将传统形式逻辑中的部分技巧进行了提取并与现实生活进行了结合，以期将推理与论证等传统形式逻辑当中的相关技巧更紧密地与生活进行连接。因此，批判性思维也被称作非形式

逻辑。目前，部分学者提出批判性思维技能的核心其一为分析（analysis）即审查理念、发现论证和分析论证及其成分的能力；其二为评估（evaluation）即评估主张，评估论证的能力。因此如何识别论证、如何构建一个合理的论证以及如何评估论证不仅仅是形式逻辑当中的重要内容，同时也是帮助获得批判性思考能力的核心技能。

论证是根据一个或几个判断的真实性，通过一系列的推理过程确定另一个判断的真实性的语言交际行为。论证也可被称为逻辑论证。一个完整的论证应当具备三个要素，分别为论题、论据以及论证方式。

（1）论题通常也被称为论点，是在论证过程当中需要确定其真伪的命题。

（2）论据是支撑论题（论点）为真的命题，如果我们将论据进行细分，又可以将论据分为基本论据与非基本论据，其区别在于其真实性是否是显而易见的。

（3）论证方式是指在论证过程当中论据与论题的联系方式，简言之即论据是以何种方式推出论题的，或者说在论证过程当中运用的是何种推理形式。

在我们的日常生活中，只要涉及观点表达的行为，究其本质都是在构建论证。无论是作为信息接收者抑或是作为信息传递者，只要涉及表达观点的行为就必然需要对观点进行分析。该分析过程便是批判性思维强调的论证的识别、构建以及评估过程。用更加直白的语言表述，论证的识别、构建以及评估就是我们讲道理的过程。亚里士多德曾经提及人类是一种理性的动物，究竟何为理性，理性应当以何种形式表现出来呢？讲道理就是人类理性的表现形式。在讲道理的过程当中，我们需要对重要信息进行提取与分析。具体来说，每当我们接收信息或是传递信息时，首先应当能够识别出一段信息传递的主要观点是什么，以及在这段信息当中是否有其他的信息对主要观点进行进一步的说明，该过程就是论证的识别与构建过程。

在此基础之上,我们才能够进一步对主要观点的真假进行判断,而判断的依据便是考量其他信息对主要观点的支撑力度,即论据对论题的支撑度。此过程便是对于论证的评估过程。当能够熟练地对论证进行识别、重构并能够充分、全面地对论证进行评估时,我们便说此思考过程是理性的并且是具备批判性的。因此,识别、重构以及评估论证是实现批判性思考、培养批判性思维能力的重要技能。

2. 批判性阅读

当人们进行阅读时,针对书中的角色或针对故事的情节抑或是针对作者的某一观点,总是能够提出自己独特的见解与看法。这些独特见解与看法的提出便是批判性阅读能力运用的结果。但在实际生活当中,不少阅读者在进行阅读的过程当中缺少独立思考的能力,其结果便是无法辩证地对作者的观点进行考量且无法形成自己的看法。批判性阅读能力的匮乏会阻碍独立人格的形成进而导致严重的后果,因此,学会进行批判性阅读是批判性思考者需要具备的另一项重要技能。

在《论批判性阅读能力的培养》一文当中,作者将批判性阅读界定为依据批判性思维的精神和原则、策略和技能开展的一种阅读活动。它要求读者在理解文本的基础之上对其真实性、有效性和价值等进行质疑、分析、推理、评判和取舍,从而形成自己的理解与判断。在著作《如何阅读一本书》中,莫提默·J.艾德勒(Mortimer J.Adier)与查理·范多伦(Charies Van Doren)为我们由浅入深地介绍了阅读的四个层次,作者将其中两个较为深入的层次定义为分析阅读(analytical reading)与主题阅读(comparative reading)。在书中,作者将分析阅读定义为一种复杂的、系统化的阅读方式。在进行分析阅读时,阅读者会针对阅读内容生成一系列问题。这些问题是基于文本内容而形成的,但不仅限于文本内容。因为在进行分析阅读的读者会将阅读内容进行延伸并与自己的实践经验相结合,从而形成与作者不同的独特观点与看法。较之于分析阅读,主题阅读是阅读过程当中更加深入的层次。在进行主题阅读的过程当中，读者不再仅限于对某一单一的阅读对象进行思考，而是将涉及同一主题的不同阅读对象进行对比分析，进而从更宏观的角度针对该主题形成自己的观点。因此，我们可以将分析阅读与主题阅读看作是一种独立的思考与探索，这种独立的思考正是批判性思维的重要技能。

3. 批判性写作

写作是进行自我表达的另一种方式，写作的过程便是对自己的观点进行论证的过程。批判性写作是指在写作的过程当中融入批判性思维，有条理、逻辑清晰地将自己要表述的观点表述出来。具体来说，批判性写作包含了以下能力：构建完整、合理论证过程的能力、打破思维定式的能力、独立思考而不盲从的能力。

在批判性写作的过程当中，如何有理有据地陈述自己的观点是写作者必须要考量的重要问题。有理有据首先意味着写作者必须能够明确自己所写内容的主题，即所写内容的论点为何。在主题明确的基础之上，写作者需要围绕主题构建支撑其主题的论据。其一，在论据构建过程当中，论据是否能够在多个维度支撑主题的成立以及论据是否能够深入地对主题进行支撑都是作者必须要考量的因素。其二，在批判性写作的过程当中，写作者需要打破原有封闭的写作模式，调动自身主动性，根据写作类型，独立对内容进行架构，从而形成自己独有的写作模式。其三，在批判性写作的过程当中应当注意避免盲目从众心理，避免将大众的取舍判断误认为是自己的取舍判断。一位优秀的批判性写作者必然能够避开求同心理，跳脱出他人以及自己的窠臼，形成自己的判断与价值观。

综上所述，论证的识别、构建以及评估、批判性阅读以及批判性写作是一位优秀批判性思考者必须具备的三项技能，反之，对于此三项能力的合理运用又能够增强我们的批判性思考能力，帮助我们更好地进行独立思考与判断。

（二）批判性思维态度

批判性思维态度又被称为批判性思考者的人格品质。对于批判性思考者应当具备何种人格品质，不同学者秉持着不同的观点。保罗（Paul）和西格尔（Siegel）曾列出 9~14 项批判性思考者的人格品质。在《德尔菲报告》中指出批判性思考者的主要人格品质包括：探索真理（truth-seeking）、思想开放（open-mindedness）、分析性（analyticity）、系统性（systematicity）、自信（self-confidence）、好奇心（inquisitiveness）。武宏志在《论批判性思维》一文中提到，批判性思考者的态度具有强弱之分，一个具有强批判性思维人格特质的思考者能够深刻地质疑自己的思想架构，能够想象重构与自己的观点和架构相反的最强的思想形态；能够辩证地判断何时自己的观点处于最弱势，何时相反的观点处于最强势。武宏志认为，仅仅是挑战别人的假设和论证是弱的批判性思考者；能够挑战自己的假设和论证才是一名强批判性思考者。

我们认为，一个优秀的批判性思考者应当具备的态度或者人格品质可以被归纳为以下几种：

首先，优秀的批判性思考者应当是理性的。理性意味着主体依据所掌握的知识和法则进行各种活动的意志和能力。对于理性的评估应当是基于某种载体的，在实践生活当中，理性的外化就在于信息的表达。因此，在实践中我们讲到理性便意味着主体在信息表达的过程当中能够完整、全面地对信息进行整合，系统并富有逻辑性地表达观点。

其次，优秀的批判性思考者应当是具备质疑精神的。当主体具备质疑精神时便意味着主体在思考的过程当中具备主动性，而非被动地接受。一般而言，具备质疑精神的主体通常拥有较强的独立思考能力以及求知欲望。需要注意的是，这里所说的质疑精神包含了两层含义：其一为质疑外界，具体表现在不盲从以及不迷信权威，能够根据合理的证据以及客观的事实进行推理从而做出自己的判断；其二为质疑自身，即对自我思考过程的存疑，具备质疑精神的主体能够始终对自我判断秉持怀疑态度并为思考过程的修正留有空间，从而确保能够通过不断质疑、修正，真正提升思维质量，实现批判性思考。

再次，优秀的批判性思考者应当是具备求真精神的。求真精神意味着坚持不懈地寻求事物的真相与规律。求真精神的获得需要主体勇于突破认知的边界，因此，求真不仅是一种精神，更是一种勇气。求真的对象不仅是外部世界，求真还意味着能够勇敢地面对自身的思维误区并勇于承认自身的思维缺陷。罗曼·罗兰（Romain Rolland）曾说："世上只有一种英雄主义，就是在认清生活真相之后依然热爱生活。"这里所说的英雄主义便是敢于批评与自我批评的勇气以及依据客观事实做出判断的能力。

最后，优秀的批判性思考者应当是开放包容的。开放包容的态度意味着主体能够跳脱出自我中心主义，能够正视并尊重不同见解的存在。当代社会是一个多元化的社会，对于每一件事情我们都能够听到不同的见解和看法。在面对这些多元的声音时，有些人采取排斥态度，一味地否定与自身见解不同的看法，甚至无视其存在。但作为一个批判性思考者，我们应当既是怀疑论者又是思想开放者，一方面尊重经验和理性，对新事物感兴趣，另一方面又对新观念抱着审慎的态度。因此，作为批判性思考者首先应当认识到世界的多元性，在承认多元性的基础上主体应当能够摒除主观情绪的影响，尊重异见。开放包容的心态是做出理性判断的基础，承认并倾听不同意见能够帮助我们进行自我校正，从而实现真正的理性。

（三）技能与态度的关联

批判性思维技能与批判性思维态度是批判性思维不可或缺的两个重要部分。在《批判性思维原理及方法》一书当中提及批判性思维是一个精神的努力和过程，它要求人尊重真理，愿意探索真理，以真理为判断和行动的指南。态度的形成与技能的运用共同形成了批判性思考者的思考过程。

在实际操作中，我们会发现批判性思维与批判性技能在批判性思考过程中相辅相成、共同作用。当主体具备批判性态度而不具备批判性技能时，便会陷入纸上谈兵的困境。在实际生活当中主体无法运用批判性思维解决具体的问题，理性客观的判断更无从谈起。

反之，若主体只具备技能而不具备态度，则容易陷入双重标准的误区。在实际运用当中，严于律己而宽以待人，决策过程很有可能掺杂自我的情绪与偏见。由此可以看出，批判性技能与态度两者之间必须均衡发展，若只运用其一则无法形成完整的批判性思考。在实践当中，对于批判性思维技能的学习有助于主体形成批判性思维态度，对于批判性思维态度的培养则能够激发主体学习批判性思维技能的愿望。

部分学者认为，批判性思维的发展阶段可以概括为以下五个阶段：

在第一阶段当中，主体被称作"无反思的思考者"，处于该阶段的主体无法意识到自己思维上的缺陷，其所有的决策与判断都是基于自然的思维做出的，是一种即时反应性的，任意的过程，其决策的正确与否凭借运气决定。

第二阶段为"问题意识"的萌芽阶段，由于前期的错误决策，导致主体开始进行初步思考，想要去找出问题所在。

第三阶段为"改善阶段"，在此阶段当中，主体已经能够意识到自己的思考方式存在错误，因此主体通过一定的努力试图改变其思考方式，但该阶段的努力是非体系化的。

第四阶段为"技能学习"阶段，处于该阶段的主体接触到了批判性思维理论，并对相应的技能进行了解，知道应当通过何种途径或何种方法对思维进行分析与改善。

第五阶段即"运用阶段"，在该阶段中主体成为了成熟的批判性思考者，能够灵活地运用批判性思维解决现实生活当中的问题，在此阶段，主体已将批判性思维进行了内化并使批判性思考成为了一种习惯。

我们可以看出，批判性思维态度与批判性思维技能在以上五个阶段中相互融合，共同推进着主体批判性思考能力的形成与完善。

董毓在其著述中提及，一个成熟的批判性思考者是态度和技巧的结合。成熟的批判性思考者不等于不犯错，对信息的掌握程度以及个体的专业能力也会在思考当中起作用。但是成熟的批判性思考者是在同样的经验基础上能得出，选择最好的解释和结论的人，是最早改正错误的人，是推动认识发展并解决问题的人。这是人和社会的需要。批判性思考者在主观上希望能够超越经验与浅层认知，从而走向对实在的深入了解。同时，一位批判性思考者能够在实践当中对批判性思维技巧进行合理运用，使态度与技巧在解决实际问题的过程当中进行融合，从而做出正确的决策。

四、批判性思维运用

思考是个技术活。人们不是一生下来就具备清晰和富有逻辑的思维能力。思维能力需要通过学习和练习才能获得，头脑未受过训练的人不可能具备它。就好像没有学习过、练习过的人无法变成优秀的木匠、高尔夫球手、牌手或者钢琴家一样。然而我们周围到处都是这样的人，他们以为思考是一件根本不需要什么技巧的事。他们认为思考轻而易举"谁都懂得如何思考"并且认定每个人的思维都是同样可靠的。

——曼特（Mander）

人类无论何时何地都处在思考之中。根据批判性思维的定义：批判性思维是一种理性的、反思性的思维，它决定了我们应当相信什么和做什么。例如对于正在上大学的我们来说什么事情是重要的，什么是不重要的；面对网络上的海量信息，我们如何辨别真实和虚假的信息；生活中的时间应当如何分配与管理；毕业后如何选择定居的城市，选择什么样的朋友和伴侣……总之我们所有知道的、相信的、渴望的、惧怕的和期待的一切都是我们自身思维的结果。因此，可以说我们的生活质量基本上是由思维的质量决定的，思维会影响我们的所作所为。

无论目前的处境是怎样或者有任何想实现的目标，只要将自己的思维掌握在手中就能使我们生活得更好。无论将来想进入职场还是继续升学，娴熟的思维能力都能让我们在生活的各个领域获益匪浅。

在学习中，批判性思维能够避免学习中的随意糊弄、抓不住重点。学习中的批判性思维是指无论外部环境怎么变化，都能够形成对自身的清晰认知，制定合理的学习目标，建立高效自我监督机制，将学习的主动权把握在自己手中。在真实的工作场景中，解决问题时的思维质量也决定了工作质量。人际交往中的思维质量决定了一段人际关系的质量。学习新技术新技能的时候所有的思考都来自于我们的思维，在工作中表现出的实践能力也是由学习时思维的质量决定的。

（一）学习中的批判性思维

当学生的角色从中学生转变为大学生时，会惊奇地发现以往的传统学习方法并不能很好地适用于新类型的学习内容中。大学教育的重点在于更深层次的思维方式：要求学生能够主动、睿智地评判各种观点和信息。因此，掌握批判性思维对大学学习的全过程是至关重要的。学生们可以利用一系列批判性思维策略和技巧以显著提升自己在课程学习中的表现。例如理解他人的论证和观点；批判性地审视论证和观点；形成和阐述自己有理有据的论证和观点。

为了顺利完成大学中各项课程学习，学生肯定需要从理解学习材料入手。虽然批判性思维技能并不能将原本的材料变得简单，但学生们可以使用批判性思维方法与技能提升理解学习材料的效率。例如使用思维导图整理课程内容信息，在认知结构中搭建课程体系；通过对某一"专业概念"的深度挖掘，丰富对专业知识掌握的深度与广度；借助批判性阅读技巧高效筛选学习材料中的有用信息。通过学习技巧方面的练习，会显著提升学生对于教材和课堂上各种观点和问题的理解力。

在理解学习材料的基础上，大学的学习中会遇到"课程论文""展示汇报"等项目作业，此类作业的目的是希望学生能够"批判性地"讨论课程中的某些观点，就某个话题或问题形成自己的观点。例如，在公共艺术类课程中，学生会被要求写一篇文章，讨论自己欣赏的某一部电影或书籍。如果学生想要完成一篇合格的文章，批判性思维中强调的客观性、全面性、充分性、公正性等系列策略和技巧，能够显著提升学生评估信息以及总结信息的能力。在发现和评价相关论证和信息的基础上，引经据典、合理论证，有力地论证说明自己的观点。批判性思维技能的系统训练则能够帮助学生大幅提升这方面的技巧。

（二）工作中的批判性思维

悉尼大学的批判性思维工作坊手册中提到批判性思维学习对大学生的几个益处：

- 能够获得更高的分数。
- 帮助学生摆脱对老师和课本的依赖。
- 能够自主创造知识。
- 未来参与评估、挑战甚至改变社会结构的工作。

《经济时报》中也曾提到：沟通、批判性思维和写作技巧是大多数雇主在招聘时考量的关键因素。在此基础上，学生毕业从事的工作与自身专业不匹配的情况时有发生，说明当今的工作环境仍处在不断变化之中。在真实的职场中，专业知识与技能往往很容易在工作场景中习得，而良好的思维和沟通能力、解决问题、创造性地思考、收集和分析信息、清晰有效地从数据分析中得出结论等通识能力变得更为稀缺。借助批判性思维的系统训练能够培养思维技能和解决问题的技巧。

（1）提高交流沟通能力：在批判性思维的协助下，人们能够更好地表达和沟通自己的想法和观点，与他人进行交流和合作，提高交流和沟通的效率和质量。商业洽谈，上下级沟通、汇报展示、公文撰写等环节是每一位职场人都会遇到的，批判性思维中的逻辑性思维技巧能够起到分辨沟通场景、梳理语言逻辑、清晰语言表达等效果。

（2）信息处理及解决问题能力：批判性思维能够引导自己更好地识别和分析问题，分析和评估信息的真实性、有效性和可靠性，找到问题的本质和解决方案，提高问题解决的效率和准确性。在工作中批判性思维能够帮助职场人透过现象看本质，抓住难题的主要矛盾并调用可利用的知识库提出多种解决问题的方案。

（3）创造性思考能力：批判性思维能够帮助我们更好地识别和分析新的机会和挑战，从而发挥创新能力和潜力，提高工作和学习的创造力和创新能力。仅靠大学学到的知识往往无法应对行业领域中的新难题，需要在工作中不断保持学习与进步。批判性思维中的全面思考策略能够帮助职场人从各处细节出发分析评估问题，找出容易被忽视的视角继而展开创新思考。

（4）高效决策能力：批判性思维能够帮助我们更好地分析和评估决策的后果和影响，减少错误决策和损失，提高决策的精准性和有效性。在生活中人们不能仅靠主观感受和情绪直觉做决定，在工作场合则更加不行，批判性思维要求人们重视评估决策结果的重要性，通过对不同可能结果的预设，来评估每一个决策实施的必要性。

（三）生活中的批判性思维

除了学习和工作中，批判性思维更是在生活中各个领域扮演着重要角色。

首先，批判性思维能够帮助学习者做出更加高明的决策。日常生活中，购物消费、人际关系、个人行为等都难免出现各种思维陷阱。比如"分期购买等于不花钱""每个18岁的男生都应该有一双某某品牌篮球鞋"……消费主义话术总容易引导人们做出一些不明智或不理性的决定，事后才意识到其中的问题。批判性思维能够帮助人们对决策的重要程度进行评估，并且引导人们使用清晰的逻辑做判断而不是完全依靠冲动情绪和个人主观看法。

其次，批判性思维能够帮助人们在面对各类热点新闻时保持理性。在"流量至上"的时代，为了博眼球赚流量，部分媒体往往以曲解事实、引导舆论等手段对人们的理性思考进行干扰。因此，作为公民应该尽可能全面客观了解真相的情况下慎重决策。霍华德·卡亨（Houard Kahane）曾说："能够独立思考，而非无条件地顺从领导者，这样的公民是一个真正自由之社会的必要组成部分。"

最后，《批判性思维》一书中指出：单单是因为能极大地丰富我们的生活，批判性思维就很值得学习。大多数人在大多数时候都会相信自己听到的内容，有记载的历史表明，人类曾对地球中心说、魔鬼带来了病毒、奴隶制是合法的等观点深信不疑。然而，使用批判性思维鼓励人们认真、诚实地思考每一个问题能够帮我们摒弃成长教育中那些未经检验的假设和偏见，进而思考"即使我一直都被这样着，但这是事实吗？"简而言之，批判性思维能让人们过上一种自我学习和自我审视的生活。

总而言之，批判性思维的学习与应用要求人们通过思考来审视和评价事物，以达到在学习、工作、生活等场合中更好地理解事物，分析问题，并推动事物发展的目标。批判性思维需要人们对事物抱有问题态度，敢于提出问题，并通过实证来评价事物。如果一个人想要在日新月异的现代社会中生存下去，掌握批判性思维是至关重要的。

五、批判性思考者的特征

在真实的人际交往中，人们能够通过语言、行为等因素判断一个人值不值得深交。例如，我们会远离言行不一的人，避免和过于固执的人共同承担工作，与情绪不稳定的人保持距离；我们乐于和某一领域内的资深专家共同探讨问题，与开放包容心态的人成为朋友，喜欢和具有创造力的伙伴共事。这些行为无不在提醒我们，具备成熟思维能力的人存在一些可以识别的特征。

批判性思考者的特征在国内与国外研究中诞生了多种版本。董毓在《批判性思维原理与方法：走向新的认知和实践》一书中提到批判性思维态度即批判性思考者的态度，"指的是一种养成习惯的愿望和理智素质，它们以求真、公正、反思的精神为核心"。也有学者把批判性思维态度称为批判性思维倾向或批判性思维气质。通常认为，一个成熟的批判性思考者应具有的理智素质包括理智的谦虚、理智的勇气、理智的自主性、理智的换位思维、理智的诚实、理智的坚持、相信理性、心灵公正等。

1990 年，46 位批判性思维学者在《德尔菲报告》的"专家共识声明"中指出："理想的批判性思考者喜欢探索、了解全面、信任理性、思想开放、立场灵活、评价公正、诚实面对个人偏见、判断谨慎、愿意重新思考、理解论题清晰、对复杂问题思考有条理、不倦地搜寻有关信息、选择标准合理、考察专注，并且不懈地追求题材和条件容许的最精确的结果。"

2017 年董毓主编的《明辨力从哪里来》一书中将批判性思考者的特征概括为自我反思、准确和深入的分析、清晰和具体的思考、求真和认真的态度、谨慎的推论、开放的综合判断六项。

1. 自我反思

董毓在《明辨力从哪里来》一书中指出批判性思维，本质上是理性质疑和审慎断言。这不是挑别人的毛病或者否定他人，而是追求反思性与合理性，即时刻自律和自我批判，去辨认和敲打自己信念的深层根据，在反思自我的精神下，运用理性进行分析、评估和判断。

2. 准确和深入的分析

能够深入分析、挖掘隐含假设是批判性思考者的第二个特征。要解决问题，必须先理解问题的意思、构成、来源和意义。分析问题、分析论证以达到准确和完整地理解问题的目标。在深度分析的基础上，能够找出问题和论证中的隐含假设与前提并有效评估这些隐含假设。

3. 清晰和具体的思考

一个成熟的批判性思考者必然时刻讲究思考和表达的清晰、一致和具体。善于判断的人，追求概念和思维的清晰、一致和具体，习惯于具体事物具体分析，反对思维和视野的简单化、模式化。一个成熟的思维者形成对事物的判断，先要以"还原语境"为前提，要准确判断什么是真正的语境，了解事情当时是怎么出现的，为什么出现。不仅仅是看事物的现状和结果，而是全面把握当时的具体语境。理解全貌后，才有资格、有能力进行判断。

4. 求真和认真的态度

认真，是对"真"的"认真"追求。一方面是指把和事实相符的真理放在第一位；另一方面是严格和坚持不懈地追求和遵守真实。成熟的批判性思考者能够使用"求真"作为追求独立、中立、客观和全面的手段，用这样的手段来剥离人的主观附加物，清除伪装和偏向导致的信息污染。能够从信誉、公正、资格、条件等方面检验证据来源的可靠性；从客观、一致、相关、全面等方面考察证据的质量，在信息来源或证据不明时做到谨慎行动。

（1）证据来源的可靠性：

信誉：来源可以核查吗？有说谎的记录吗？

公正：证据提供者和任何一方有情感、立意和观念上的关系或冲突吗？

资格：提供者能了解、理解这个领域的知识吗？

条件：当时的观察或取证是直接、清楚、不受干扰的吗？

（2）证据的质量：

客观：有独立旁证吗？包含的信息全面吗？

一致：和其他观察、已有知识一致吗？按已有知识判断是否可能？

相关：和要证明的结论相关吗？

全面：证据对情况的描述精确、明确和完整吗？

5. 谨慎的推论

批判性思考者的推理是谨慎的，具备清醒的意识和鉴别能力，他思考的每一步都有依据，否则绝不轻易下确定性的结论。批判性思考者能够对推理的相关性和充足性进行考察。一个事实要想被用来支持或者反对一个结论，首先必须是相关的。在信息不全、证据不足、推理不充分或不确定的情况下，谨慎是批判性思考者的正常表现。

6. 开放的综合判断

批判性思考者追求开放全面的方法是追求"辩证"的习惯，一是反思自我的深层信念，排除偏见；二是开放心灵，把自己置于有多种观念的集体中，从他人角度看问题，最终做到先开放思考，听取多方声音，再综合判断。保持开放的综合判断需要做到以下 6 点。

（1）努力反思自己可能会有的偏见和局限，追求公正。

（2）分析问题和论证，深入思考问题的根源和理由的基础。

（3）根据语境来判断思想的意义、事实的起因和联系。

（4）把辨别真假放在判断的第一步。

（5）根据证据来判断结论的合理性。

（6）寻求更多的信息和认识，形成一个全面、平衡和整体的判断。

六、批判性思维的意义

1993 年美国普林斯顿大学"本科教育战略计划委员会"对本科毕业生提出了 12 项衡量标准，主要内容如下：

（1）具有清楚的思维、谈吐、写作的能力。

（2）具有批判性和系统性推理的能力。

（3）具有形成概念与解决问题的能力。

（4）具有独立思考的能力。

（5）具有敢于创新和独立工作的能力。

（6）具有与他人合作与沟通的能力。

（7）具有正确判断并彻底理解某种事物的能力。

（8）具有辨别重要的事物与琐碎的事物、持久的事物与短暂的事物的能力。

（9）熟悉不同的思维方式。

（10）具有某一领域知识的深度。

（11）具有观察不同学科、理念、文化相关之处的能力。

（12）具有一生求学不止的能力。

从以上 12 项衡量标准中我们可以看出，标准中提到的能力都直接或间接地与批判性思维能力相关联。从根本上来说，要想具备这 12 项能力，我们必须首先具备批判性思维能力，因此，具备批判性思维能力是培养各项能力的基础。

（一）批判性思维能够帮助我们冲破盲从

在现今我们生活的时代当中，信息就像我们所呼吸的空气一样无处不在。每个人都能够通过多种多样的途径轻而易举地获取信息，可以说我们正处于一个信息泛滥的时代。有人认为，信息的多样化以及信息获取途径的简易化能够让我们更加理智与明辨，但事实却是大多数人都迷失在信息的汪洋大海中，对于哪些信息是优质信息、哪些信息是劣质信息、哪些是真实的信息而哪些又是虚假的信息无法分辨。如此，我们往往会被一些别有用心之人制造出来的信息误导，导致走向盲从。批判性思维的一个重要作用就是引导人们冲破盲从，避免被迷惑。批判性思维要求人们不要根据直观的感觉或自身的好恶来决定是否接收一个信息或一个论断，它要求我们在面对信息与论断时仔细地考量理由、推理以及论证的充分性与全面性，从而对其做出一个审慎的判断。批判性思维以其技巧与推崇的精神帮助我们在面对信息时去伪存真、去粗取精、冲破盲从、实现理性。

（二）批判性思维帮助我们进行独立的思考

我们中的部分人对"独立思考"一词有着错误的认知，部分人认为"独立思考"指自己的观点不受任何人或任何事物的影响；部分人认为"独立思考"意味着自己的观点应当与传统观点或教科书相左；甚至有部分人认为"独立思考"是指自己的观点便是真理。董毓指出根据批判性思维的原则，独立思考的本质不在于结论，而在于论证过程；不在于观点对错，而在于努力方式；不在于是否受人影响，而在于怎么受人影响。其著述中明确指出，"真正的独立思考是开放心灵，公正地考察所有已知的事实和不同的观点；是观念的分析和综合过程的具体性、全面性、开放性和公正性。而这些正是批判性思维的关键要求。简言之，诚实、认真地考虑各种不同的观点，并在此基础上形成结论是独立思考；认真观察对立面并以此为镜对自身进行认真的反思同样是独立思考"。我们可以看出，批判性思维才是真正独立思考的定义，遵循批判性思维技巧与态度就能够获得独立思考的能力。

（三）批判性思维帮助我们成为终身学习者与创新者

在当代社会背景下，对于人才的要求向着更加灵活、更加多元、更具备适应性的方向发展。对此要求，传统的学习方法已无法满足现今的人才培养需求，如何保证学习者思维的灵活性与独立性，如何维持学习者的好奇心与探索欲是我们亟须解决的问题。批判性思维以激发我们主动探索知识为目的，训练我们成为信息的主动探索者与分析者，引导我们追寻知识产生的经验基础、方法和逻辑过程，鼓励我们不断质疑与挑战，要求我们成为思想者而非单纯的背诵者与执行者。在此过程中，我们需要不断地通过反思对自身的行为以及思想进行校正，接收新知识并将其运用在校正过程中，从而实现完善与创新。

第二节　批判性思维之理性

要坚守理性，按照理性去审查每一个事实和观点。勇敢质疑，包括是否真有上帝。因为，如果上帝确实存在，他一定是认可对理性的尊崇，而非盲目的敬畏。

——托马斯·杰斐逊（Thomas Jefferson）

罗伯特·H.恩尼斯将批判性思维定义为"理性的、反思性的思考，其目的在于决定我们相信什么或做什么"。依据此概念我们会发现"理性""反思"是批判性思维的两个主要特质。本节我们将对理性这一特质进行具体论述。

一、理性

在《批判性思维原理和方法：走向新的认知和实践》一书中，董毓提出："理性的意思首先在于信念和行动要有理由，而且是有好的理由。"我们可以将理性理解为是根据好的理由产生或辩护一个陈述、观点、提议等的能力和活动，它是与直觉、本能、感受、情感、习惯、信仰不同的一个精神过程。

那么什么样的理由才能被称作"好的理由"呢？我们能够依据哪些标准去判定一个理由的"好"与"不好"呢？

首先，要注意的是不同于来自直觉、情感、信仰等理由，符合理性标准的"好"理由一定不是主观与片面的。理性依据的理由必须是客观的、可靠的、有一定标准的。我们认为客观性、全面性以及充分性是判断理性的三大标准。

其次，好的理由应当从多个维度和多个方面进行阐释，而非单一角度的自说自话。

最后，好的理由应当充分、有力，能够直接说清事物的本质，说清事物之所以为此的成因。

（一）客观性

客观是哲学的一个中心概念，它指一个事物不受主观思想或意识影响而独立存在的性质，跟主观相对应。客观的事实不受人的思想、感觉等主观影响，能保持其独立真实性。简单来说，我们可以将客观理解为事物的本来面目，不受人的感官、情绪、价值观等因素影响。

1. 感官影响

亚里士多德认为感觉有五种，即视觉、听觉、嗅觉、味觉和触觉。他将这五种感觉分为三类，其中视觉和听觉可以被归为第一类，这类感觉的共同点在于从感觉对象到感觉器官之间需要传导媒介；第二类是触觉和味觉，这类感觉是由感觉对象直接作用于感官引起的，不需要传导媒介；第三类是嗅觉，它介于第一类和第二类感觉之间。我们可以说感官造就了人的感觉。与此同时，亚里士多德认为理性是不依存于肉体和思维对象的，其特点是纯粹的、永恒的，同时又是非混合性的，因为并没有一个专门的物质性器官对其进行承载。因此，我们应该警惕感官在接收信息时可能会对理性造成的影响。

"眼见为实，耳听为虚"说的是不能随便相信传闻，因为那不是一种理性的体现。然而"眼见"一定就"为实"吗？很可惜，答案是否定的。我们接收到的信息可以被分为两类：一类称为感性信息，我们通过五官获得的信息，都可以看作感性信息；另一类称为理性信息。感性信息的获得是理性信息获得的基础和必要阶段，但感性信息中有大量杂乱无章、片面甚至虚假的东西，所以仅靠感官我们是不可能正确认识事物的。更重要的是感官带给我们的感性信息往往带有一定的欺骗性。如将筷子放在水中，我们可以看到水中筷子弯了，但它并不是真的弯了，在实验当中，我们的视觉欺骗了我们。

要做到理性认识，我们便不能轻易相信感官带给我们的感性信息，对于感性信息需要作更加深入的判断与甄别，更加追求逻辑上的真实。

2. 情绪影响

情绪是人类早期赖以生存的手段。婴儿出生时，不具备独立的生存能力和言语交际能力，这时主要依赖情绪来传递信息与成人进行交流。在成人的生活中，情绪与人的基本适应行为有关，包括攻击行为、躲避行为、寻求舒适、帮助别人等。这些行为有助于人的生存及成功地适应周围环境。总之，人通过情绪了解自身或他人的处境，适应社会的需求，得到更好的生存和发展。当然，情绪也会有负面作用，如一些球迷会因为输球被负性情绪影响，在赛场闹事、斗殴、破坏公共财产，甚至造成人身伤亡。

关于情绪，保罗·克莱因金尼（Paul Kleingini）和安妮·克莱因金尼（Annie Kleingini）提出了一个定义：情绪是主观因素、环境因素、神经过程和内分泌过程相互作用的结果。从这里我们可以看出，情绪是带有强烈的主观性的。例如一个人因为气愤而摔了自己的手机，但事情过后却心痛不已。情绪不仅会影响我们的心情、社交等，其在很大程度上也会影响我们的判断、选择和行为。西格蒙德·弗洛伊德（Sigmund Freud）对此做过一个形象的比喻："你的本能、情绪冲动就像一匹飞奔的马，你的理智就像马上的骑手，你以为是骑手在控制马？其实是马在跑，没有马，骑手什么也不是。"因此，人的理智极易被情绪所主导，要做到理性客观就需要正确认识情绪带给我们的影响，避免因情绪原因造成的主观判断。

3. 价值观影响

价值观是指一个人对周围的客观事物（包括人、事、物）的意义、重要性的总评价和总看法。一方面表现为价值取向、价值追求，凝结为一定的价值目标；另一方面表现为价值尺度和准则，成为人们判断事物有无价值及价值大小的标准。个人的价值观一旦确立，就具有相对稳定性。价值观和价值观体系是决定人行为的心理基础,因此,价值观指引着我们的行为方向,我们在做决策时会经常受到来自价值观的直接指引,比如一味追求感官上肤浅的快乐。回想一下生活中,你有没有因为一味追求暂时的、肤浅的快乐而放弃更重要的事情?比如说你是个喜欢打游戏的人,在看书学习与通宵打游戏之间,你认为打游戏对你来说更重要,还是学习提升自己更重要?在生活中有很多这样的情况,明明某个事情才是最重要的,但是有些人会为了一些感官上肤浅的快乐而选择不重要,甚至对人有坏影响的另一件事情。

由于价值观往往基于个人主观经验而形成,因此在很多时候价值观会给我们带来非理性的影响。卡尔·波普尔(Karl Popper)曾经提出,一个"批判理性主义者"唯一要重视的是论证,而不是给出论证的人。人与人之间理性的交流是对论证的交流;人是论证的来源和接受者,在对论证进行理性的评判时每个人的情感好恶或价值观是无关紧要的。然而要做到完全摒弃价值观对人的影响是很难的,但我们需要有意识地去认识与识别价值观对于我们的影响,从而做出更加理性的选择。

(二)全面性

"好的理由"的第二个标准是具备全面性。一个好的理由应当从多个维度和方面进行阐释而非站在单一角度上自说自话。如图 2-1 所示,全面性意味着当我们认识一个人、一件事、一件物品时需要从多方面去掌握信息,否则就会像盲人摸象一样,每个人摸到大象的不同部位都说自己摸到的才是大象的样子。

维度	细节
人	性格、习惯、做事风格、籍贯、外貌等
事	好与坏、目的、时空、后果、社会及家庭等
物	价格、质地、体积、重量、大小、温度等

图 2-1 分析表格

（三）充分性

"好的理由"的第三个标准是充分性。理由应当充分、有力，能够直接说清事物的本质，说清事物之所以为此的成因，即满足充足理由原则。我们认为，任何一件事如果是真实的或实在的，任何一个陈述如果是真的，就必须有一个为什么这样而不那样的充足理由，虽然这些理由常常不能是为我们所知道的。

这句话阐述了关于充分性两方面的意思。

第一，一切事物都有一个成因，这个成因决定了这个事物为什么会存在，为什么它是真实的，为什么它是这个样子而不是另外的样子。人们认识了这个成因，也就认识了这个事物，就可以改变这个事物。正如戈特弗里德·威廉·莱布尼兹（Gottfried Wilhelm Leibniz）所说的："如果不具有充足的理由或者没有确定的理由就什么也不能达到。"

第二，事物的感性存在或直观存在并不重要，只有事物背后的成因才是最为重要、最真实的。因此，我们要去发掘背后的成因与理由。唯有此才能做到充分地进行论证、保证理性的判断。

第二次世界大战期间，为了加强对战机的防护，英美军方调查了战后幸存飞机上弹痕的分布，决定哪里弹痕多就加强哪里。然而统计学家亚伯拉罕·沃德（Abraham Wold）力排众议，他指出更应该注意弹痕少的部位，因为这些部位受到重创的战机，很难有机会返航，而这部分数据被忽略了。事实证明沃德是正确的。

该案例中的统计学家沃德是哥伦比亚大学统计学教授，他基于统计推断，提出了"幸存者偏差"的概念。那就是我们只看到了那些能够飞回来的飞机，却看不到那些被击落未能折返的飞机。所以只是根据"幸存者"的数据做出的判断是不正确的。

案例分析：假设有人问你："你怎么知道地球是圆的？"你将如何构建一个具备充分性的论证对其进行回答？请同学们相互讨论并写下你的理由。

二、如何实现理性

亚里士多德说，人是理性的动物。通俗来说，其实就是做人要讲道理，一个讲道理的人就是一个具备理性思维的人。人类是具备理性的动物，当然，当人们不讲道理的时候，有时候是因为不会讲道理。一个年幼的小孩子，还不具备清楚说话的能力，当然就不会讲道理。不过，大多数不讲道理的人，其实都会讲道理，但因为某种原因，他们就是要不讲道理。从生活中的种种案例中，我们能看到，即使会讲道理（理性），人类也并不总是愿意讲道理（理性）。

（一）思维公正

尽管没有人会将自己定义为自我中心者，但是每一个人都应该认识到，自我中心是我们了解自身思维时所需理解的一个重要内容。应对自我中心的一个方法就是探索我们被自我中心塑造的程度。例如，就像我们之前强调的，我们都出生在特定的文化、国家和家庭中。父母向我们反复灌输某一信念，我们与有某些信念的人建立各样的人际联系等。我们是这些影响的产物，只有通过自我理解，我们才能成为一个不是仅仅受到影响，而是能够独立进行批判性思考的人。

如果我们不加辨别地去相信他人的灌输，我们的信念很有可能就是自我中心的，并且深深影响我们的思考习惯。例如，一个关于态度的研究显示，我们无意识地使用自我中心标准去证明自身信念的合理性。如果我们能自觉地意识到自身的这些倾向，并有意识地通过客观理性的思考去克服它，这种对于自己的清晰理解就能够帮助我们成为一名批判性思考者。

（二）全面思考

批判性思维需要具备全面性，我们不能单纯地被眼前的现象或信息所左右，而应当从多元的、不同的角度出发思考问题。例如，在所有交通工具中，最让人惧怕的是飞机，因为飞机飞在万米高空，让人失去了脚踏实地的安全感,而且一旦出现事故,生还的概率几乎为零。在脑科学中,这种现象被命名为"显著性"。但是,统计数据显示,从事故发生率来看,飞机是目前最安全的交通工具,甚至比大家坐在家里的客厅中还要安全。在英国广播公司任职近20年的记者迈克尔·布拉斯兰德(Michael Blastland)曾与统计学家、风险问题专家戴维·施皮格哈尔特(David Spiegelhalter)合著过一本书,名为《一念之差》。书中,两个人把骑摩托车、骑自行车、开汽车、坐在家里和坐飞机等几件事情按照危险程度进行排序,其中,最危险的事情莫过于骑摩托,其次是骑自行车,然后是开汽车,接下来就是坐在客厅里,最后是坐飞机。可能会有很多人不理解坐在客厅里为什么会有危险,因为在人的潜意识里,"家"是最温暖、最安全的地方。但客厅的危险就存在于你的"意识"之外,比如,你滑一跤,摔倒了;家里的鱼缸被打破了,碎片划了你的脖子;吊灯掉下来正好砸在你的脑袋上。家里也会出意外,但是我们"感觉"在家里很安全,坐飞机很危险。

按照《一念之差》的说法,事实上飞机最安全,但是我们每次送人到机场,都会跟要上飞机的人说一路平安。实际上应该反过来,因为你从机场返回来,比他坐飞机飞过去要危险得多。但是我们的大脑没有这样的反应,我们不会这样提醒自己什么是对的、什么是错的,特别容易被这些显著性的事情带偏、被眼前的事物带偏,这就是没有做到思维的全面性。做到思维的全面性就意味着,你能够从不同角度思考同一个问题。

《了不起的盖茨比》是弗朗西斯·斯科特·基·菲茨杰拉德(Francis Scott Key Fitzgerald)的一部非常有名的小说,很多人应该都看过或者听说过。这部小说的开篇讲述了一个道理:永远不要轻易地评判任何一个人,因为你不知道对方的经历是否与你相同,是否建立了与你相似的认知。客观、公正、理性地看待一个人、一件事,这是批判性思维中极为重要的一点。没有绝对的好人或坏人,一些新闻中的当事人看似做了不可饶恕的事情，但从某种角度来看可能也情有可原，因为每个人都有自己的心路历程和难言之隐。以《了不起的盖茨比》中的主要角色之一盖茨比为例，如果从尼克的视角出发，那么他就是一个挥金如土、只为追求真爱的大富豪；但是在布坎农的眼中，盖茨比则是一个低劣的、抢夺自己妻子的酒贩子。

大家可以发现，在两个人不同的视角中，盖茨比有了两种截然不同的人设。之所以会这样，原因在于盖茨比对尼克很友善，邀请尼克参加了他无法涉足的高端奢华舞会。但是对布坎农来说，盖茨比不仅是自己瞧不起的低等出身的人，从事的也是违法的走私活动，更为关键的是，他是自己的情敌，因此他对盖茨比恶语相向也是自然而然的事情。对于这两种不同的解读，我们可以认为都是对的，也可以认为都是错的，但毋庸置疑的一点是，它们都无法完全定义盖茨比。由此可见，所谓思维的公平性就是要摒弃自身对于一个人、一件事的偏见，从一个更加全面、更加客观的角度去观察和思考，才能得到一个较为接近真相的结论。

（三）避免思维谬误

思维谬误是指人们在进行理性思考及推理时所犯的错误，思维谬误是无处不在的，很多人任由下意识的情绪反应来替代合理的判断和谨慎的思考，有时候，在决定接受或拒绝某认证之前，需要仔细地考虑。上天赋予人们强大的思考与逻辑推理能力，人类借此创立了许多傲人的思想和不可思议的理论。尤其在挣脱了很多思想禁锢的当代世界，人类开始在未开发的思维世界探险，新的理论与想法如雨后春笋般不断地涌现。然而，这些思想通常必须在历经千锤百炼之后才能开始发光发热。大多数时候，当人们处于自由自在、自然而然的思考状态时，会产生一些不易发现的漏洞和错误。这些错误可能无关紧要，但也可能导致行为的偏差，甚至极端的做法。

在日常生活中，有很多非理性的错误推理与想法，而我们非理性的思考能力实际上是不太能够应付这些谬误的。或许你能够发现某几种推理上的问题，但你又如何能够知道究竟有多少种谬误骗了你而一直没有被你发现呢？一个人理性思维的敏感度越高，就越不容易被谬误带着走，也就越不容易由于别人或是自己的错误推理导致错误的抉择而遭受重大损失。当我们的理性思维不够敏锐时，就容易被误导而产生错误推理进而受骗。

谬误在我们的生活中以各种面貌呈现，我们很难逐个地去了解与避免。但是这些谬误中有相当一部分是可以被简单归类的，只要我们能够把握这些谬误的特征，就不用担心它们出现在日常生活中，因为在它们出现的瞬间就能立刻被捕捉到。如此一来，理性思维的敏感度就会大幅提升。所以锻炼理性思维的第一个方法就是学习辨识各种谬误。我们不怕思维中出现谬误，怕的是出现谬误时我们还不知道。

谬误的辨识并不难，比较难的是有一个开放的心态。当我们的内心不由自主地想要否认自己的谬误时，谬误的辨识只会变成一种寻找别人的错误的过程而不是一种自我反思的能力。这样一来，我们很难真正在日常生活中学会查找自己的错误推理与想法。特别是许多谬误已经根深蒂固地存在于我们的思想之中，包括认为"思想中有谬误是件丢脸的事情"，以及相信"我的思考并没什么问题"。所以，我们可能会下意识地不愿意面对自己可能犯下的错误。这是非常可惜的。

而且"思想中有谬误"根本就是人类思考的天性，即使是最强的思考者也一定会在日常生活中不断制造谬误。问题并不在于会不会有谬误，而是在于当它们出现时我们是否有能力发现。举例来说，假设你很讨厌一个人是因为某个思考谬误所造成的，如果你不知道这是一种错误，那么你就会很执着地，甚至钻牛角尖式地讨厌他，这会给你带来更大的麻烦。但是如果你检查到这是谬误的作用，那么你依然可以选择继续去讨厌他，只要你觉得这样很开心；反过来，如果你并未因此开心，你就可以较为容易地放弃先前的心态。

推理中的谬误不计其数，它们排列组合的方式也数不胜数。其中很多谬误因极为常见而有了正式名称。你可以在书本或者网站上找到很多有关这类谬误长长的清单。幸运的是，你并不需要识记这些谬误及其名称才能辨别出它们。只要你问出恰当的问题，就能找到推理谬误，就算你叫不出它们的名字也无所谓。因此，我们采用的策略就是着重强调自己提问自己的这套办法，而不是要死记硬背各种各样谬误的名称。但是我们相信，了解最为常见的一些谬误的名称可以让自己对这些谬误变得更加敏感，同时当你和那些熟悉这些名称的人交流你对错误推理的反应时，表达上也可以少走一些弯路。

我们在这里罗列出一些常见的思维谬误，如稻草人谬误、以偏概全、非黑即白、诉诸无知、不当模拟、错误解读等，我们可以用逻辑推理的方式进行自我练习。推理的有效与否只是针对前提与结论的关系，而不去管前提与结论的真假，即使一个论证中的推理是有效的，其前提和结论也都可能是错的。这时，我们可能就要问，既然有效推理的结论有可能会错，那么有效推理的价值何在呢？有效推理虽然不保证结论一定是对的，但是当一个有效推理论证中的所有前提都为真时，结论必然为真。也就是说，正确的前提加上有效的论证之后，我们便可以保证结论必然是正确的。这是逻辑推论的价值所在。在日常生活的应用上，当跟你讨论的人同意你所有的前提，而你的推理又是有效论证时，那么跟你对话的人在理智上就被迫同意你的结论，这是逻辑有价值的地方。

训练理性思维能力的方法是进行论证。一个完整的推理称为论证，一个论证由前提、推论过程与结论三个部分组成，而推论过程常常被省略不谈。当我们把日常生活中较为混乱的推理转换成较为清楚的论证之后，沟通会变得比较容易，误解的可能性也会减少，运用逻辑所产生的说服力也会加大，同时也更容易发现自己论证的问题所在。日常生活中很多推理看起来很有道理，但是一旦变成论证之后，我们就会比较容易地发现它们的问题。

（四）运用工具

在生活中，当面对具有争议的话题时，我们应当如何做才能保证理性抉择、全面思考呢？比如当我们谈到安乐死时有些人认为人的生命是宝贵的，安乐死亵渎了生命；然而，对于那些几近走到生命的尽头，并不想苟延残喘、白白受苦的病人来说，安乐死是否也是对病人意愿的尊重？我们假设病人临终前已无法表达个人意愿，而我们掌握着决定权时，是选择奋力施救还是选择放弃药物与抢救，让病人平静地离世呢？究竟该如何全面地看待这类问题？如何形成理性的观点？我们可以利用思考工具 PMI 思考法来更好地进行思考。

1. PMI 思考法概述

在日常生活中，人们对某种观点或某类事物的本能反应，往往凭直觉轻易下结论，立即表示喜欢或不喜欢、赞同或不赞同。这种传统的思维盲区会导致看问题的片面性。为了克服这种片面性，爱德华·德·波诺提出了一个极有效的思考工具，即 PMI 思考法，也可称为"三思法"。该思考法帮助我们分别从有利因素、不利因素、兴趣点三个维度来对某种观点或某类事物进行全面的思考。PMI 思考法能确保人们在对某一种观点或事物的各方面都进行充分考虑后再做决定，以求达到客观地评价一种观点或事物的目的。

2. PMI 思考法实施步骤

如图 2-2 所示，在使用 PMI 思考法帮助我们达到全面性时可以遵循以下步骤：

一思，即 P（plus），从正方向思考，即从积极方面，有益的、有好处的或有优点的方面去思考。

二思，即 M（minus），从反方向思考，从消极方面，不利的、有坏处的或有缺点的方面去思考。

三思，即 I（interest），从兴趣、感触方面去思考。特别注意的是，I 部分的功能为引出一些既非正向,亦非负向的看法,以不受观点束缚,探索有趣的地方。从 I 角度思考时,可以套用类似的说法:"如果……将会很有趣""可以看看……将会很有趣""我不喜欢这么做,不过它有趣的是……"通过这种方式可以激发思考者的兴趣,使之拓展思路、探求不同想法。

PMI 思考法	P(plus):优点——有利因素——你为什么喜欢它?
	M(minus):缺点——不利因素——你为什么不喜欢它?
	I(interest):兴趣点——你对一个想法感兴趣的地方

图 2-2　PMI 思考法实施步骤

PMI 思考法强调人们在评判某一种观点或事物时,应该先分析其优点,然后再分析它的缺点,最后再找出既不是优点也不是缺点却吸引人的特点,经过权衡利弊后,才能够有充分的理由说我赞同或不赞同这种观点。在思考具体问题时,建议试试 PMI 思考法的框架。

案例分析:去年刚刚进入大学的小荻这几天很纠结。原因是宿舍的小伙伴们都去兼职了,而她为了不耽误学习便没有加入兼职的行列。她心里很清楚,兼职可以开阔视野、锻炼能力,可她就是不想去。看到舍友们进进出出忙忙碌碌,她又觉得自己很孤独,她的选择有错吗?在给老师的求助信里小荻这么写道:"上个学期我是班里第一名。说实话我很高兴自己能获得这样的成绩,而且我的父母也为此特别骄傲。其实我也知道排名这个事情不需要太认真,但是我真的挺在意这份荣誉,我觉得它给了我很大的自信心。为了保住这个第一名,我决定不去兼职,虽然我也知道自己会失去什么。但是看到小伙伴们在一起过得风风火火,又有共同语言,我心里确实有些不好受。"老师在回信中建议小荻用 PMI 思考法思考一下课余时间兼职对她的有利因素是什么,不利因素又是什么,并写下自己感兴趣的地方,写得越多越好。经过一天的思考,小荻获得了答案,见表 2-1。

表 2-1 小荻的答案（PMI 思考法）

思考方向	思考内容
P（plus）：有利因素	1. 锻炼自己的能力（与人沟通、吃苦耐劳、统筹规划等）； 2. 赚取零花钱； 3. 认识社会上的人，扩展人脉； 4. 充实自己的大学生活； 5. 与小伙伴们有共同语言，能一起工作生活，不孤独
M（minus）：不利因素	1. 耽误学习时间（拿不了第一）； 2. 害怕被骗； 3. 学不到东西
I（interest）：感兴趣的事	1. 小伙伴们的兼职真的能锻炼自己想要的能力吗？ 2. 小伙伴们有没有在担心自己的学业过不了？ 3. 这份兼职能赚到多少生活费？比第一名奖学金还多吗？ 4. 兼职和学业真的矛盾吗？提高学习效率之后能不能两者兼得？ 5. 有哪些提高学习效率的办法呢？

小荻在给老师的回复中说，PMI 思考法帮助她开阔了思路，让她注意到了之前从未想到过的东西。原来的她完全陷在"被孤立"的情绪中了，从来没有想到如何理性地看待兼职这个问题。PMI 思考法最大的一个优点就是能够帮助思考者跳出自己思维的框，放弃自我中心主义的牵绊，客观公正地看待问题。

案例分析：某公交公司规定，上班时高峰期开来的公共汽车是无座的，目的是多拉一些乘客，因为此时人们最急迫的需求是按时上班而不是考虑乘车的舒适程度，路程近的人更是如此。其他时间的公共汽车是有座位的，以方便老人、妇女和小孩，那些无座的公共汽车此时则被当成卡车来使用。下面我们用 PMI 思考法来分析"把公共汽车上的座位都拆掉"这个观点的优劣性，具体见表 2-2。

表 2-2 "公交车"案例分析表（PMI 思考法）

思考方向	思考内容
P（plus）：有利因素	1. 每辆车上载很多的人； 2. 上下车更容易； 3. 制造和维修公共汽车的价格会便宜

续表

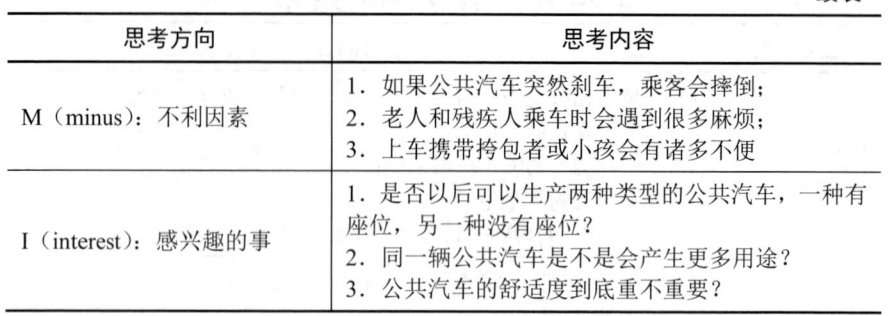

思考方向	思考内容
M（minus）：不利因素	1. 如果公共汽车突然刹车，乘客会摔倒； 2. 老人和残疾人乘车时会遇到很多麻烦； 3. 上车携带挎包者或小孩会有诸多不便
I（interest）：感兴趣的事	1. 是否以后可以生产两种类型的公共汽车，一种有座位，另一种没有座位？ 2. 同一辆公共汽车是不是会产生更多用途？ 3. 公共汽车的舒适度到底重不重要？

3. PMI 思考法的意义

爱德华·德·波诺说："PMI 思考法在任何情况下都可运用，尤其对于模棱两可的问题更具备适用性。"它的主要目的是帮助我们养成从不同方向思索、探讨问题的习惯。在做 PMI 思考训练时，重点不在于审查各个想法所蕴含的价值意义，不在于价值评判，而是按照 PMI 思考法的步骤，尽可能地把各种想法引发出来、列举出来。总的来说，PMI 思考法可以避免我们仅仅凭借情绪和直觉做出判断，帮助我们全面地评价一个想法，引出有价值的思考。

三、理性的意义

信息化是当今时代发展的大趋势，在代表着先进生产力的同时也带来了数据和信息泛滥的困扰。我们每天都会从各种媒介接收大量真伪莫辨、质量良莠不齐的信息。比如近些年"适量饮酒能预防心血管疾病"的观念如火如荼，商家更借机冠冕堂皇地推出各种药酒，加大宣传酒精的治病功效。但知名医学期刊《柳叶刀》的研究却表明：饮酒的安全剂量为零。没有所谓的适量饮酒有益健康一说，不喝酒才对健康最好。信息时代的到来需要我们时刻对所接收到的信息进行分析、判断、选择与决定，不断地挑战我们的理性思考能力，在此背景下我们对于理性的需求也变得更为迫切。

理性决定了批判性思维的范围：理性不适用的地方，批判性思维也不能起作用，或者说不能起主要作用。比如直觉、宗教信仰和爱情，我们无法用经验、逻辑和分析的方法对其进行完整的描述和解释。我们需要注意的是，很多时候由非理性因素做出的信念和决定也可以是正确的，而且人不可能每时每刻都保持理性的判断，都去分析、推理和证明。但是在面对重要的知识和行动的时候，就需要开启理性的思维模式，帮助我们走出困惑和矛盾。

第三节　批判性思维之反思

"我应该不会拒绝从头到尾地把生活再过一遍，只是希望能够获得唯有作家才有的特权——在'再版'的生活中修正'初版'的错误。生活的悲哀之处在于我们总是老得太快而又聪明得太慢。等到你不再修正的时候，你也就不在了。"古罗马哲学家马尔库斯·图利乌斯·西塞罗（Marcus Tullius Cicero）在《论老年》中这样说道。

很多人会在老年才回想自己的一生经历，然后大彻大悟，然而这些大彻大悟再也无法拥有应用到生活中的机会，让人徒留遗憾唏嘘。作为批判性思维特征之一，反思为我们提供了修正生活的机会，那么我们应当如何在生活中理解反思、运用反思，本章节就将针对反思的含义与方法进行阐述。

一、自然的思维与反思性思维

当谈到批判性思维特征时，除了理性特征之外，还包含反思性思维特征。在进行思维活动时，人的思维至少可以分为两个层面。

思维的第一个层面是自然的思维，即一个人听到或见到某种现象的第一时间所产生的相关想法。这种想法有其合理的地方，但往往掺杂着自我的偏见、情绪、观念甚至误解。自然的思考是洞察力与偏见、事实与错觉、真理与谬误等混合在一起的思考活动。

在接触到信息的第一时间产生的感受、发表的看法、做出的决定等都属于自然思维。由于每个人的具体情况不同，自然思维会受到自身经验背景、教育模式及生活环境等因素的影响，并深受习惯思维、定势思维、已有知识的局限。因此，自然思维往往会有正确或属实的部分，但也很容易掺杂主观偏见、情绪、刻板印象甚至误解。让我们的思维只停留在自然思维层面是一个非常"轻松"的选择，但浑浑噩噩什么都不深入思考就度过一生，这种方式并不符合批判性思维对思考者的要求。批判性思维提倡在进行思考活动时，对自然思维进行优化与深入，形成反思性思维。

反思性思维是第二个层面的思维活动。反思性思维即对自然思维的再思考，是对初始想法的分析、评估、审验等思考活动，以便对自己的所知进行校正、净化、更新和完善。要想从自然思维升级到反思性思维，依据反思性思维的定义，需要进行"再思考"。对自然思维进行的"再思考"主要包括分析自我产生相关想法的原因、评估自己是否受到主观情绪的影响、审验自己的看法是否包含偏见或误解等一系列反思性的思维活动。理性分析与评估自然思维，找出不足的地方加以纠正与完善，才能使思维活动处于不断更新、不断深入的上升通道中，最终有助于提升整体思维水平。

教育家约翰·杜威在《民主主义与教育》一书中也提到"反思性思维"的含义及其重要性："所谓思维或反思，就是识别我们尝试的事和所发生的结果之间的关系。"反思要与行动相连，要在行动中对行动进行反思，包括"对行动反思"和"在行动中反思"。反思性思维是对某个问题反复、认真、不断地深思。培养反思性思维能力，除了要掌握反思技能，还要养成开放、有责任感和执着的反思态度与反思精神。

特别值得注意的是，随着新媒体的快速发展，许多网友在参与网络生活时总是来不及仔细思考就将自身自然思维的产物发表在网络上，这样的行为并不符合批判性思考者的要求，也会对网络环境造成不利影响。例如，在未了解全部事情真相时就急于"站队"发表具有攻击性的言论；仅凭借个人主观喜好就直接发出赞同或反对的声音；由于自身不能适用或接受多样化的文化环境，就对其进行否定与抨击……在这个时候，"三思而后行"变得格外重要，学习批判性思维能够帮助我们养成时刻反思的习惯，从而保障自身一言一行的质量。

二、反思工具运用

基于以上所述，那么在实际的生活实践当中我们应当如何将思维从第一层面的自然思维深化至反思性思维及切实地实现反思呢？在日常的生活场景当中，对于思维工具的运用可以帮助我们最大限度地实现反思。本书中选用的帮助我们实现反思性思维的工具为 SWOT 战略分析法。

（一）SWOT 战略分析法的含义

SWOT 战略分析法最早是由美国旧金山大学的海因茨·韦里克（Heinz Weihrich）在 20 世纪 80 年代初提出的，是一种综合考虑企业内部条件和外部环境的各种因素，进行系统评价，从而选择最佳经营战略的方法。虽然在学术中将 SWOT 战略分析法归于管理学领域，但在实际运用当中，我们可在多个领域使用该工具。在这里，我们将使用 SWOT 战略分析法帮助我们从自然思维深入至反思性思维。

在 SWOT 分析法当中，S 是指企业内部的优势即 strengths，W 是指企业内部的劣势即 weaknesses，O 是指企业外部环境的机会即 opportunities，T 是指企业外部环境的威胁即 threats。在批判性思维领域当中，为获得反思性思维，我们在使用 SWOT 分析法时分析的主体则由企业变更为主体自身。在此限定之下，SWOT 战略分析法当中的 S 则应当被理解为主体自身的优势，即在分析主题的大背景之下主体自身具备的优点或与分析主题相关的优势；W

则应当被理解为主体自身的劣势，即在此分析主题的大背景之下，主体自身所具备的与主题相关的自身缺陷或不足；O 在这里可以被理解为当前情境下主体在外部环境中面对的机会，即外部环境当中对主体有利的因素；T 则可以被理解为主体在外部环境当中面对的威胁或不利因素。

（二）SWOT 分析法的运用步骤

在使用 SWOT 分析法进行反思性思考的过程当中，应当遵循怎样的步骤来深化我们的思维，进行反思性思考呢？

1. 明确目标

明确目标要求主体能够发现问题、提出问题、形成课题并且选择课题。

2. 确定分析主题

SWOT 分析法的分析对象是主体的内部条件和其所处的外部环境。在批判性思维背景之下对于 SWOT 分析法的运用目的是通过主体的分析理性而客观地解决相关问题。在分析的过程当中，分析主体需要特别注意其分析的要素必须与主题具备一致性，这也就意味着在使用 SWOT 矩阵时，矩阵当中的要素应当是围绕着主题的，与主题无关的且不具备相关性的要素不能用于分析过程当中，应当予以排除。

3. 信息收集与整理

信息收集的主要任务是确定信息源和选择收集的方法。信息源包含两层含义：一是信息及其发生源，包括各类信息及其产生和持有机构，如科研院所、政府机构、学校、图书馆、信息中心等；二是信息以及赖以传播的各种物质载体和传输通道，如图书、期刊、相关文件等。收集信息的方法是多种多样的，在使用 SWOT 分析法对信息进行分析时应当注意明确分析目标为何，即分析主题是什么。对于信息的分析务必要围绕着主题来进行。

4. 构造 SWOT 矩阵，进行 SWOT 分析

在使用 SWOT 分析法进行情境分析时，我们可以通过构造矩阵的方法对各要素的重要程度进行排序。在排序的过程当中，分析主体应当将对分

析主题有重大影响的因素进行优先排列。反之，则做次要排列。根据 SWOT 矩阵中各因素的排列组合，可以判断出主体的优劣势以及外部环境中存在的机会和威胁。基于此分析，主体可以制定更具备针对性的解决方案或行动方案，从而实现从自然思维向反思性思维的转变。

5. 根据 SWOT 分析选择最优方案

最优方案是主体在 SWOT 分析的基础之上，全面把握主体内部的优势及劣势和其面对的外部机会与威胁，理性客观地分析与界定在分析主题所涉及的背景之下主体应当采取的措施或生成的解决方案。具体来说，主体最终的选择是 SWOT 中各要素的组合，如 SO 战略着重考量发挥自身优势和利用外部机会；ST 战略重点考虑发挥优势，同时避免外部威胁；WO 战略要求充分利用外部机会，克服和改进内部劣势；WT 战略要求克服内部劣势，避免外部威胁。SWOT 分析法所提供的解决方案共有 15 种：S, W, O, T, SW, SO, WO, WT, ST, OT, SWO, SWT, SOT, WOT, SWOT。

传统的 SWOT 分析模型广为人知，也是最常用的态势分析手段，近年来，SWOT 分析模型得到普遍应用。结合以上所述，SWOT 战略分析法不仅仅是管理学当中的重要工具，我们也可根据该工具的特点将其应用于批判性思维领域，帮助我们切实地解决生活当中的难题并实现反思性思考。SWOT 分析法的最大优点是其广泛的应用范围，它可以被用来分析不同的情境，与此同时它还可以帮助我们迅速地对主体内部与外部的各个关键因素进行排序。需要特别注意的是，当我们在使用 SWOT 分析法进行分析时，要时刻谨记 SWOT 分析法并不能保证帮助我们百分之一百实现反思性思考，因为即使是最优秀的批判性思考者也不能完全避免错误的发生，但是使用 SWOT 分析法能够最大化地帮助我们进行正确决策。在这里需要再次强调，只有当主体具备获取反思性思维的主观能动性时，在使用相关工具时才能够将其功能发挥至最大。

第四节　批判性思维之八要素

> 人类只是会思维的芦苇，然而因为懂得思考，人类却成了万物之灵长。（故）思想铸就了人类的伟大。
>
> ——布莱士·帕斯卡（Blaise Pascal）

在本章的前几节已经对批判性思维的概念及其两大特征进行了讲述，那么我们应当如何获得批判性思维？是否能够利用工具帮助我们培养批判性思维能力呢？本节将对以上两个问题进行解答，我们将通过本节的学习，了解并培养批判性思维能力的技巧与方法。

一、对于思考的思考

思考在某种意义是人的本能，很多人的思考也确实只是停留在本能的阶段，浅尝辄止或者混乱发散。这样的思考往往也是盲目与低效的。比如，说话的本能谁都有，但并非谁都是演讲家；哼唱的本能谁都有，但并非谁都是歌唱家；涂抹的本能谁都有，但并非谁都是画家；奔跑的本能谁都有，但并非谁都是奥运冠军。思考是一种本能，但思考更是一种技能。我们虽然被赋予了各种各样的"本能"，但如果我们希望自己的每一个决策都足够明智，行动时不被自己的情绪、欲望或直觉绑架，那么我们应该从学习思考开始，不断改进我们的思维方式。

有些人会认为一个好的思考者是天生的，事实是大脑就像肌肉一样也需要锻炼，思考的能力是可以训练和培养的。只有经过专业的训练，初级的"本能"才能发展成为高级的"技能"。培养自己的思考能力，就好像学习其他学科，只要付出努力，恰当地利用一些思维工具，我们的思考能力就能不断提高。我们可以将优秀的批判性思考者的特质提取出来并向他们不断学习。优秀的批判性思考者一般具备以下特质：

（1）能找到关键的问题和困难，并能清晰准确地表述这些问题。

（2）能快速收集大量的信息，并用简练的语言表述这些信息。

（3）能提出有效的解决方案，并有标准检验是否有效。

（4）能在遇到复杂问题的时候，和他人有效交换信息。

（5）能在遇到阻碍的时候，找到可替代方案，放弃现有的选择。

基于此，我们可以将思维八要素作为一个可供借鉴的思考框架，用来帮助我们培养优秀的思维特质、成为一名优秀的批判性思考者。

二、思维八要素概述

我们学习篮球、网球或橄榄球等运动项目，第一步是去学习最基本的动作要领。就像学习这些运动项目一样，初学批判性思维要去学习思维最基本的要素。如果我们不能准确地对思维组成部分进行分析，那么我们就无法对它进行反思，从而对其进行校正与优化。

批判性思维大师理查德·保罗（Richard Paul）在他撰写的《批判性思维工具》一书中指出："要学会反思，就要学会分析思维。而要分析思维，首先要了解思维的基本结构。当我们能够熟练地识别出思维的要素时，我们就能从其基本成分层面更好地理解问题，由此也就能更好地识别出思维缺陷。"

思维要素也被称为推理的要素或思维的基本结构。思维的要素之间有一定的内在逻辑关系，思维要素总是以一个相互关联的集合序列呈现。我们的行为会受到以下要素的影响：

（1）做这件事情的**目的**是什么？

（2）要达到这个目的，现实中会遇到什么样的**问题**？

（3）要解决这些问题，需要用哪些**概念**（理论、定义、规则、原理、模式）来分析这些信息？

（4）需要收集哪些**信息**（数据、事实和经验）？

（5）思考过程基于哪种**假设**？

（6）基于什么样的**推理**和解释？

（7）能得出什么样的**结论**（意义和结果）？

（8）在这个主题中，我持有怎样的**观点**？

简单地说，我们可以这样理解：我们的每一段思考都是在某种目的的指引下，去解决一些现实的问题。在此过程中，需要澄清相应的概念，收集大量信息，提出各种假设，进行一定的推理，得出相应的结论，体现某种观点。图 2-3 描述的便是以上八个要素，是理查德·保罗与琳达·埃尔德（Linda Elder）提出的思维分析框架，也是批判性思维领域一个经典的工具模型。

图 2-3　批判性思维八要素

思维八要素提出的意义在于可以利用这八个要素对自己的思考过程进行分解，并有意识地对每一个要素进行评估、观察与考量，从而对原有的思维过程进行反思与总结，并识别出思维中的缺陷，提升思维质量。

三、思维八要素的应用

我们每一段思考过程都由这八个要素构成。在能够准确地识别出八要素之后，我们需要掌握如何对这八个要素进行反思、分析以及理解，并思考如何将其运用在生活中。接下来逐一进行说明与探讨。

（一）目的

强烈的目的感会促使事情朝着积极的方向发展。目的指引着我们行动的方向，是我们所期待的对象，但它常常隐藏在人的潜意识中。

把思维的目的提升到意识水平是批判性思维能力至关重要的一部分。我们可以利用这样几个问题来对目的进行反思。

1. 你想要达到的主要目的是什么？

你学习的目的是什么？是积累知识，是顺利毕业，还是改变世界？

你恋爱的目的是什么？是获得眼前的快乐，是建立长久的亲密关系，还是以结婚来对抗社会的压力？

你参加社团的目的是什么？是发展兴趣，扩大交际，打发无聊，还是仅仅为了学分？

你人生的目的是什么？是慵懒享受，是积累财富，还是精神上的丰富和成长？

你公司的目的是什么？是积累财富扩大规模，是更好地服务他人，还是解决社会问题？

你公益项目的目的是什么？是解决某个社会问题，是获得可持续的资金，还是获得声誉和地位？

2. 这些目的现实可行吗？清晰吗？有可能衡量吗？

设定的任何目的都应该符合 SMART 原则，做到具体、可衡量、可实现、相关以及时间约束。第一，具体原则是指目的必须清晰且定义明确；第二，可衡量原则是指目的能够被量化；第三，可实现原则是指设定的目的切合实际而非超出自身能力范围；第四，相关原则是指每一个目的达成都应当为上级目的提供助力；第五，时间约束原则是指对于达成目的的时间需要设定限制，根据目的达成的难度大小，这个时间可以是一周、一个月，甚至是一年。

3. 反复思考你设定的目的：是否有更优的目的？

科里·帕特森（Kerry Patterson）与约瑟夫·格雷尼（Joseph Grenny）在其著作《关键对话》中告诉我们，双赢沟通的秘诀在于关注你的真实目的。要想实现双赢沟通，我们需要在对话前和对话中问自己四个问题："你希望自己实现什么目的？""你希望为别人实现什么目的？""你希望为彼此的关系实现什么目的？""想要实现目的应该怎么做？"

4. 你的行为和目的一致吗？会不会知行不一？

你的目的是拥有八块腹肌，但天天啤酒炸鸡不健身，这样的目的注定会蜕变成"美好的愿望"。目的达成需要切实的行动，同时需要反思在行动中你是否偏离了既定的目的，你的目的有没有贯彻性执行，你有没有以终为始、不忘初心。

曾经有一位禅师非常喜欢兰花，平日弘法讲经之余，花费了许多时间栽种兰花。有一天，他要外出云游。临行前交代弟子，要好好照顾寺庙里的兰花。在禅师外出期间，弟子们总是细心地照顾兰花。但有一天他们竟然把兰花忘在了户外。当晚，狂风暴雨，把兰花架吹倒了，所有的兰花盆都跌碎了，花散了满地。弟子们因此整天提心吊胆，就等师父回来后挨训。禅师回来听说此事后，不但没有责怪弟子，反而安慰他们说："我种兰花，一是希望用来供佛，二是为了美化寺里环境，但绝不是为了生气而种兰花的。"

目的之于人生非常重要。你是要忙乱一生，还是要专注一生？很多人在职场中缺乏定力和耐性，遇到一点点不开心的事就"裸辞"。可是工作换来换去，事业并无太大起色，越跳槽反而越迷茫。与之不同的是，社会领袖都是具备强烈的使命感并且专注于人生目标的人。叶圣陶说："人生是为一件大事而来的。"但愿我们能尽快找到自己人生的这件大事，专注一生，获得充实而幸福的人生。

（二）问题

说起问题之于思维的重要性，我们不得不提到古希腊著名哲学家苏格拉底。苏格拉底被世人称为最伟大的思想家和老师，但他一生中却没有任何著述。他的思想都是在与别人的对话中得以呈现的。今人主要通过他的两个学生色诺芬尼（Xenophanes）和柏拉图的著作来了解他。苏格拉底最著名的一句话就是"我唯一知道的，就是我自己一无所知"。因此，他从不灌输任何知识给别人。同时，他认为知识是人们原来已经具有的，不过自己还不知道，自己的工作便是要通过对话的方式帮助别人产生知识。接下来让我们通过一段有趣的对话，一起看一看苏格拉底是如何通过对话的方式，帮助别人产生知识的。

有一天，苏格拉底像往常一样，赤脚敞衫，来到市场上。突然，他一把拉住一个过路人问道："我有一个问题弄不明白，向您请教。人人都说要做一个有道德的人，但道德究竟是什么？"路人回答："忠诚老实，不欺骗人。这就是公认的道德行为。"苏格拉底说："你说道德就是不能欺骗别人，但和敌人交战的时候，我军将领却千方百计地去欺骗敌人，这能说不道德吗？"路人答道："欺骗敌人是符合道德的，但欺骗自己人就不道德了。"苏格拉底又说："和敌人作战时，我军被包围了，处境困难，为了鼓舞士气，将领就欺骗士兵说，我们的援军到了，大家奋力突围出去。结果成功了。这种欺骗能说是不道德吗？"路人答："那是战争中无奈才这样做的，我们日常生活中就不能这样。"苏格拉底追问："儿子生病了，却又不肯吃药，父亲骗儿子说，这不是药，而是一种好吃的东西。请问这也不道德吗？"路人无奈地说："不知道道德就不能做到道德，知道了道德就是道德。"苏格拉底听了十分高兴，拉住那人的手说："您真是一位伟大的哲学家，您告诉了我道德就是关于道德的知识，使我弄明白了一个长期困惑的问题，我衷心地感谢您！"

我们会发现在这段对话当中苏格拉底并未直接告诉路人到底何为道

德,而是通过不断提问引导路人思考出答案。这种通过问题去启发和引导对方的思考,就是著名的苏格拉底诘问法,我们也将其称为"产婆术"。

通过以上案例,我们能够深刻体会到问题之于思维有着十分重要的意义,可以说问题是思维的发端,没有问题就没有真正意义上的思考。在某种程度上,问题决定着思维的目的和方向,驱动着思维的发展。我们甚至可以说问题的质量决定着我们思维的质量,只有经过了深入的思考后才有可能产生高质量的问题。对于问题,我们可以从以下几点进行反思:

(1)你目前面临的主要问题是什么?

(2)有哪些是表层问题?如何转化为深层问题?

(3)如何区分主要问题和次要问题?

(4)你能否把问题进一步拆分成更小的、可解决的具体问题?

(三)概念

概念是思维的逻辑起点。任何事物都必须由人们创造出概念之后才能进入到思维当中。概念具体是指解释、分类或汇总信息时所用的总的范畴或观念。举例来说,本书的关键概念是思考与创新,书中一切内容都是为了诠释它们而写,而这两个概念又分别由其他概念来解释。从哲学层面上讲,概念是思维最基本的单位。因此,模糊混乱的概念只会导致模糊混乱的思维,高质量的思考必须建立在清晰明确的概念之上。所以当我们进行行动与决策时要特别关注概念。我们可以从以下几个方面对概念进行关注:

(1)每个议题或论题的核心概念是什么?

(2)具体如何解释这些概念?

(3)不同群体或个人给出的解释是否有差异?

(4)是否存在歧义、曲解概念等情况?

案例分析: "反家庭暴力网络"研究人员到某村子里做调查。调查人员进村后,问村中的妇女村子里是否有"家庭暴力"的行为。那些正在外面晒太阳的妇女们都说:"我们村子治安很好,没有家庭暴力。"但是,当被问及是否有"男人打女人"时,她们异口同声地回答说:"打女人?家家都在打。"

阅读以上案例,讨论分析为何调查人员在第一次询问时未能获得有效的回答?

很多时候我们面临的问题首先不一定是事实问题,很可能只是语言问题或概念问题。所以,在我们进行思考的时候,我们要力求做到先澄清概念,特别是一些抽象概念,再去考证事实,即语义考察先于事实研究,我们将这种方法称为语义先行。学习去质疑和反思概念,加强沟通,避免概念歧义,这是提高思维能力至关重要的一步。

(四)信息

思维是收集、分析和加工信息的过程。因此,作为思维的原料,信息质量的高低也就直接决定着我们思维质量的高低。

互联网时代,我们每天都会接触到海量的信息,面对如此多的信息,我们应当如何保持独立思考,不人云亦云?我们又当如何对虚假信息和低质量的信息进行区分筛选?我们应当怎样培养自己的信息素养,提升自己收集、评价、运用信息的能力?

要解答以上问题,我们首先需要对信息进行分类。"C 计划"的创始人蓝方在 TED 主题演讲中提出我们可以将周围的信息分为两类:第一类我们称之为事实信息,这一类信息是对外部客观世界的描述;第二类我们可以称之为观点信息,这类信息往往是信息传达者个人的看法和意见。对于事实信息与观点信息,我们用不同方式来评判其质量的高低。

首先,对于事实信息来说,要想判断一条事实信息的真假我们必须要做的就是去考察该条信息的信息源。如若能够找到其信息来源,那么我们则需要对信息源的中立性、权威性以及客观性进行评估;如若无法找到信息源,那么我们则需要等待、存疑,直至寻找到信息源为止。对于事实信息的评估除了寻找信息源外,我们还需要去寻找旁证来对其进行证真或证伪。

其次，对于观点信息来说，我们主要通过考察其论证来判断该条信息的真伪。第一，我们需要考察该条观点信息的论据是否真实；第二，我们还需要对论据与论点的相关性进行考察，确保论据与论点说的是同一个主题；第三，我们需要对论证过程当中的推理进行评估，分析推理是否具备充分性，推理的内容与形式是否准确。

我们还可以通过思考下面几个问题来检验信息的真伪：

（1）在多大程度上，我可以靠直接经验判断这一信息的真伪？

（2）这个信息在多大程度上与我认为正确或笃信的经验相一致？

（3）提出这一信息的人是如何证实它的？

（4）是否有一套明确的系统或程序来评价这种类型的信息呢？

（5）承认这个信息是否会有利于提出它的人或组织？

（6）质疑这个信息会不会让信息提出人感到不舒服？

批判性思维的重要技能之一就是对信息进行评估，我们可从以下三点去培养自己的信息素养：第一，要分清楚信息和事实，信息和证据不是一回事；第二，要明白看上去属实的资料可能其实并非如此；第三，有时候尽管信息本身很具有威信或者提供信息的人或组织很具有权威性，但这无法保证它的准确性和可靠性。

（五）假设

假设是思维的前提，位于我们的潜意识中，被我们认为是理所应当的事物，它通常为我们已知且深信不疑，是我们信念体系的一部分。我们认为它们正确并用它们来解释事情。生活中充满了假设，合适的假设是必不可少的，如果我们质疑每一个假设，那么将无法正常生活。但是，由于人类思维的局限性，人们也会经常设定一些不甚合理的假设，例如：假设如果一个观点被广泛报道，那它一定是真的；假设自己熟悉的想法比不熟悉的想法更正确；假设妻子（或丈夫）应该做所有的家务。这些不甚合理的假设会导致我们做出错误的判断与行为，成为自我限制的边框或者门槛。

因此学会挖掘生活中潜在的假设并对其真伪进行分析是我们思维进阶的重要一步。

崔翔宇在《精进：如何成为一个很厉害的人》一书中提出："当我们在人生中遇到某个无法摆脱的僵局时，下面三步可以使你获得'新生'：第一，找出潜意识中的隐含假设；第二，识别'隐含假设'中的不合理性；第三，校正不合理性，寻找'可能选项'，采取行动。"

学会把思想中潜意识的部分提升到有意识的层面上来，解构和重构自己的假设是批判性思维的重要部分。对于不合理的隐含假设，我们只需要做到冷静、理性，用心识别其不合理之处并进行校正便能够高效地进行自我反思，找到问题的解决方案。

（六）推理

推理也被称作推论，是指根据一个或一些陈述（前提）得出另一个陈述（结论）的思维过程。它不同于猜测，其需要基于合理的原因和证据来获得结论。推理有助于我们超越感官的有限性，在理性的国度里走得更稳更远。演绎推理、归纳推理以及类比推理是推论的三种基本类型。下面我们将对三种推理类型以及如何判定推理质量进行说明。

1. 推理的基本类型

（1）演绎推理。演绎推理是从普遍下降到特殊的思维活动，是一种必然性推理。即前提真，推理形式正确，结论必然真。直言三段论推理"所有人都是会死的，苏格拉底是人，所以，苏格拉底是会死的"便是演绎推理最为经典的例子。

（2）归纳推理。归纳推理是从特殊上升到普遍的思维活动，是或然性推理。即前提真，推理形式正确，结论未必真。如"鸡蛋是圆的，鸭蛋是圆的……所以，鸟蛋是圆的"这一推论便是对归纳推理的运用。

（3）类比推理。类比推理是根据两个对象在某些属性上相同或相似，通过比较而推断出它们在其他属性上也相同的推理过程。它是思维从特殊到特殊的平移运动，其结论具有或然性。如"这篇小说只有1000字，文字很流畅，这篇小说得奖了。你写的这篇小说也是1000字，文字也很流畅，因此也可能得奖"。

2. 推理质量的判定

沃伦·巴菲特（Warren Buffett）曾说过："你的正确来自你的事实对和你的推理对——这是唯一使你正确的原因。如果你的事实对和推理对，你没有必要担心别人的看法。"董毓在《批判性思维原理和方法：走向新的认知和实践》一书中提出推理是理性的核心，推理的正确与否是决定生活、认识和行动能否成功的要素之一。因此，在我们进行思考时要特别注意推理的正确性。那么如何判断推理是否正确？我们应当如何辨别一个推理是优质的还是劣质的呢？

依据董毓在其著述中的说法，一个好的推理应当同时具备相关性与充足性。相关性是指前提与结论必须是相关联的，这是前提的资格问题，也是一个推理的起步条件。在生活当中，有些时候我们会忽视推理的相关性原则，导致自己落入了思维的误区，如当我们在指责某人未能遵守时间完成一项任务时，往往会这样论证"我就知道他无法按照要求完成任务，你看看他每天起床多么的晚"，这样的论证过程在逻辑上踏入了"无关"的思维误区，因为"起床晚"与"一定完成不了任务"之间并不具备相关性。充足性是指推理的前提对结论构成了足够的支持。充足性在不同的推理中具备不同的含义：在演绎推理中，充足性是指有效性，即前提真，结论必然为真；在归纳推理中，充足性是指结论的高概率，即现有的证据真，结论可能为真；在其他推理中，它指最好的论证，即现有的证据真并且给结论提供了最佳的支持。

（七）结论

结论是在特定情况下实际发生的事情。比如我惹你生气了、猫打翻了咖啡杯。如果我们擅长鉴别可能会发生与必然会发生的事，我们就能提前采取措施让积极的结果最大化、消极的结果最小化。

但在实际生活中，人们常常忽视结论及其造成的影响，也常常只认识到一部分结果。我们倾向于只看到表面结果和正面结果，深层和负面结果往往被我们无意或有意地忽略。比如在教育过程中，家长花了很多精力教育孩子，报各种辅导班、花大价钱购置学区房、要求孩子努力提高分数等，却很少评估应试教育对孩子的心理压力，忽略孩子的心理需求，尤其是其带来的负面影响。我们可以通过下面几个问题对结论进行全面的分析：

（1）如果我决定做这件事，可能会发生什么？

（2）如果我决定不做这件事，可能会发生什么？

（3）以前做出的类似决定产生了什么样的后果？

（4）忽略某个问题的后果是什么？

（5）如果我继续坚持这样做，我可能会面临什么样的后果？

一个优质的批判性思考者应当能够在行动之前先充分、全面地考虑自己要做的事情会带来什么样的后果，并对自己的行动进行及时调整，从而让自己的思想更明智、让自己的行动更理智。

（八）观点

观点是我们看待事物的立场和角度。清晰地说出自己的主张和见解是一个批判性思考者应当具备的能力。但事实是，我们很多时候会感到条理清晰地表达自己的观点是一件十分困难的事。下面的小框架能够帮助我们提高表达观点的能力。

我的观点（问题）是_____。

我这么说有三个理由（原因）：

第一_____；

第二_____；

第三_____。

该框架可以总结为"一个中心，三个基本点"，要想利用好这个框架，需要反复地进行练习。我们首先可以试着套用这个框架，把发言观点写下来，经过大量练习后就可以随时脱口用这个框架沟通和表达了。比如在进行自我介绍时，我们可以套用该框架进行这样的论述："我是一个积极乐观向上的人，因为第一_____，第二_____，第三_____。"

当我们能够清晰地表达自己的观点之后，又应当如何准确地识别他人的观点呢？无论是在听讲座还是在阅读书籍时，要想厘清他人的观点我们都需要进行自问："他想表达的意思到底是什么？""文章究竟要讲什么？"通过自问界定出与作者主张直接相关的主要问题，识别出他人的论点。准确地识别他人的论点并对其进行评估也是批判性思考者应当具备的基本能力。生活中很多人常常在还未明晰他人的观点之前便不加思考地转述媒体、教科书或其他人的论述，造成一些不理智的行为。

一个优秀的批判性思考者对于不同的观点总是抱着开放、包容的态度。他们将自己视为终身学习者，不会将相反的或不同的观点视为威胁或挑战，而是随时准备根据新的证据与合理的推论修正自己的观点。

思维的八要素之间并非独立存在，毫无关联，相反，它们之间有着密切的联系，我们可以将其相互关系表述如下：我们的目的影响了我们提问题的方式；提问题的方式影响着我们的信息收集；我们所收集的信息影响着我们解释推理它的方式；我们解释信息的方式影响了我们对它进行概念化的方式；我们将信息概念化的方式影响了我们所做的假设；我们所做的假设会影响由我们的思维所产生的结论；我们的思维所产生的结论影响着我们看问题的方式以及观点。对于思维八要素的合理运用能够帮助我们成为一名具备理性的、反思性的、批判性的思考者。

第五节　目的与问题

我们都知道，所有的思维中都有八种元素，分别是目的、问题、信息、概念、假设、推理、结论、观点。了解思维要素是如何在日常思考中运行的，就像是了解人体是怎样运转和工作的。要想了解人体是怎样工作的，我们首先需要对人体的构造有一个了解，比如我们了解到人体是由大脑、心脏、肺、胃和肾脏等器官组成的。同样，如果要理解批判性思维的运作过程以及如何对批判性思维进行培养，那么我们也必须对思维的构成有一个了解和认识，即思维到底是由哪些要素构成的？不仅如此，我们在认识思维要素的基础上还应该弄清楚各要素之间的关系，这就像在知道人体的各个器官后，我们还应该知道人体的各个器官是如何协同工作的。不论我们健康与否这些器官都是存在的，与此相同，思维成分的存在也是如此，并不受思维质量或水平的影响。本节我们将一起来学习目的与问题的相关内容。

一、思维要素之间的关系

我们已经了解到思维的各要素之间并非是彼此独立存在的，而是相互关联的。因此我们也应当明确要素之间并没有绝对的界线，它们的区分总是相对的。例如，如果我们的目的是找出少花钱的方法，那么需要回答的问题就是"怎样才能少花钱呢？"这一问题的提出实质上是对目的的重组。另外在这一问题中，我们的观念立场可以理解成"利用消费习惯减少生活开支"，而这一观点也可以被看作对目的和问题的重组。在学习目的与问题之前，认识到各种思维元素之间的紧密联系对我们是十分重要的。

二、目的

所有的思维无一例外地都会指向一定目的，苏珊·斯特宾（Susan Stebbing）在 1939 年写过一本专门讲述思维目的重要性的书。她在书中写道："逻辑性的思考就是围绕思维中最初的目的，进行相关性的思考，有效的思考都是指向一定目的的。"所有的思维过程都有其想要达到的目的，人们对事物的思考都是与其目的、欲望、需求及价值观念相一致的，而非随意的或无规律的。

尽管思维总是有一定的目的性，但我们却常常只能模糊地感知到它，在大多数情况下不能充分地、清晰地辨识出思维的目的。例如，我们出于获得学位的目的在大学里深造，但大多数人并没有深入思考过获得学位意味着什么。对于大部分人而言，上大学或许只是因为所有的朋友都这样做，是一种人云亦云的做法。在这种情况下，我们并没有对自己上大学最根本的目的进行认真的思考。

事实上，明确目的会使我们在现实中更容易达到自己的目的。不过，人类思维时常存在的一个问题是，人们时常会追求相互矛盾的目的。我们希望受到良好的教育，却不想费脑子参与脑力劳动；我们想要得到他人的关爱，却并不用相同的方式对待他人；我们想要获取信任，却表现出破坏信任感的行为。由此看来，我们能够意识到的外显目的只是自己想要相信的，而真实目的可能并非如此，甚至有可能是我们羞于承认的。我们或许觉得自己考入医学院的目的是帮助他人，但潜在的真实目的则可能是希望获得更多的财富、更高的社会声誉与地位以及他人的赞赏。因此，我们绝不能理所当然地认为自己还有他人声称的目的与真实的目的是一致的。

此外，我们追求的目的与感知世界的方式是相互影响的。我们的目的塑造了感知世界的方式，而我们感知世界的方式又会影响所要探求的事物。每一个人都会结合自身的经历和人生背景，从既有的观点立场出发制定自己的目的。为了理解行为的目的，我们应当考虑到自己感知事物的立场与情境。例如，一个美发师出于他的职业立场，会比门卫更关注个人形象。对自己和他人良好外在形象的塑造会更紧密地与他个人的价值观念相联系。而牙齿矫正医师也会比一般人更多地考虑到牙齿的外形。拥有整齐的牙齿对于他的价值也许会远远超过一位足球运动员。想要矫正出整齐牙齿的目的就是源于牙齿矫治医生的观点和立场。

"目的"作为思维过程中个体期望达到的状态，往往具有一定的指导性，也经常被我们所忽略。人类思维上的困境往往来源于目的模糊与不足。如果目的不切实际，例如，相悖于我们拥有的其他目的，或者目的是令人困惑、含糊不清的，那么我们实现目的的思维过程也将混乱不堪。作为一个不断发展的批判性思考者，我们需要培养自己明确阐述目的的习惯。例如，我们在大学的目的是获得学位从而获得拥有好工作与丰厚报酬的机会。如果清晰地认识到这个目的，并为此不断努力，那么我们就可能获得成功。但我们如果沉溺于社交活动中，忽略自己的目的，那么预期的结果就难以实现。因此，我们应该努力澄清某一情境中的真实目的，清楚并坚持自己的目的才能取得成功。

三、问题

（一）问题是思维发展的驱动力量

问题就是需要解答的题目，生活中我们常把问题看作一种疑问，但是"疑"和"问"是两种不同的心理状态，"疑"是一种感受，而"问"是一种技能，能够提出高质量和创新的问题是需要学习和训练的，并且需要以大量的知识储备为基础。

我们认为"问题"是批判性思维形成的动力。批判性思维需要质疑，而质疑的本质不是"疑"，而是能提出恰当的问题，并予以解决和回答。中国学生普遍不善于提问，很多人认为这是缺少质疑的精神和氛围所致。其实，这是对质疑本质的一种误解。究其实质来说，质疑不仅是一种感受，更重要的是一种提出问题的技能。而技能是需要系统地练习和反馈才可以习得的。对于中国学生而言，缺少提问技能的训练才是导致其不善于提问的真正原因。

问题对于学科领域发展来说也非常重要，每个领域都根据不断提出并认真思考的问题而得以发展，问题是思维发展的驱动力量。当一个研究领域不再提出新的问题时，它的发展便也停止了。

对于个人而言，我们需要有能力提出能够促进自身思考的问题。究其原因：一方面是因为提出问题有助于我们清楚任务要求，使我们明晰需要处理的事务；另一方面答案意味着思考的全面停滞，只有当答案能够更进一步地催生出问题时，思维才能得以继续发展。我们甚至可以说好的问题是思维发展的关键。

（二）做一个优秀的提问者

很多时候我们提出的问题并非都是能够刺激大脑进行思考的问题。在我们所提出的问题中，有些是十分呆板的问题，如我们在学习中会问："实验中会出现这种情况吗？"这种问题提出者通常没有思考的愿望，只是想要得到直接的答案。因此，我们必须不断地提醒自己，只有提出高质量的问题，我们的思维才能得以深化。在大多数情况下，没有问题被提出等同于不理解，表面的问题等同于肤浅的理解，不清楚的问题等同于含糊的理解。

如果你安静地坐在教室里，那么你的大脑很可能也是静止的，并没有进行任何思维活动。我们应当努力追寻一种理想化的状态，即外在波澜不惊，但头脑却在不停地提出、思考问题。我们应该思考并提出能够帮助我们深入学习的问题。如果我们想要独立地进行思考，就应该努力学习用问题激发思维并学会长久地依托问题去思考，从而促进思维的发展。

在日常每一次的思考中，我们至少都要解决一个核心问题。因此，思考过程就应当以核心问题为中心展开。在这里需要明确，对于我们来说开展深层次思考的关键是能够对陈述问题方式的清晰性和相关性进行评估。

1. 清晰性

问题陈述是否清晰及问题本身的清晰性非常重要，它是评估问题优质与否最基本的标准。如果问题陈述不够清晰，那么它的相关性也会难以评估。比如，我们经常会问"我能在大学期间做些什么有意义的事情？"该问题为一个模糊不清的问题，并不具备清晰性。要想获得一个清晰的问题，我们需要进一步细化这个问题，可以从现在面临的难题出发。我们可以问"大学四年期间，在每一年我能够做哪些事情来提升我在学习方面的能力，以便日后能够寻求到一份理想的职业？"与之前的问题不同，这便是一个具备清晰性的问题。该问题会对我们的思维提供更加有针对性的指导，以更确定的方式展示了思维任务。

2. 相关性

有的时候，我们提出的问题是清晰的、准确的，但不一定与我们需要解决的事情相关。就像我们在学习中所付出的努力并不一定与我们的学习质量或学习成绩相关。无关联的问题会让我们思考无用的内容，而相关问题能让我们的思路保持在正常轨道上。例如，我们想去了解并解决流浪猫狗在学校的居住问题，那就应该去了解流浪猫狗在学校的生活轨迹、生活习性、学校制度等一系列相关问题，而非去了解学生对于流浪猫狗每天如何投食的情况。不相关问题的出现源于思维缺乏严谨性，它会导致人们不知道如何去分析对自己真正有影响的因素，进而不能对难题进行有针对性的思考。

（三）检测你的问题

在我们思考的过程中，对于每一个思维要素的使用都可能出现错误，这就需要我们总结一些优秀思考者在思考时使用的反思方法。通过对这些反思方法的学习，我们也可以在自己的思考中利用这些检查点去评估自己的思维要素是否出现了错误，特别是针对"问题"要素的检测，需要从多个方面来进行。

所有的思考都需要去澄清一些事实，发现一些问题，解决一些问题。因此，提出的问题必须是可回答以及清晰的，我们可以借助《批判性思维工具》一书中呈现出的表格（表2-3）对问题这一思维要素进行反思。

表2-3 "问题"思维要素反思表

有技巧的思考者	无技巧的思考者	批判性问题
清晰了解尝试设置的问题	通常不清楚自己的提问	我弄清了事物的主要问题吗？ 我能精确地陈述它吗？
用多种方式表达问题	含糊地表达问题，并发现问题很难再表达	我能够用几种方式重新表达问题，从而确认难题的复杂性吗？
将问题分解为子问题	不能对提问进行分解	我将主要问题分解为子问题了吗？ 在主问题中隐含的子问题是什么？
常规地将问题分类	对问题分类感到困惑	对提出或被问到的问题分类时，我感到困惑吗？例如，我正困惑于一个法律问题是否该被归为道德类？ 我是否了解一个基于偏好的问题也需要运用到判断？
区分重要与琐碎的问题	混淆重要与琐碎的问题	当确定了其他重要问题时，我是否还会将其与琐碎的问题进行混淆？
区分相关与非相关问题	混淆相关与非相关问题	我在讨论中提出的问题与主要问题相关吗？
对提问建立的假设抱有审慎的质疑态度	经常提出有偏重的问题	我提出的问题偏重我自己的立场了吗？ 我把应质疑的问题看作理所应当了吗？
区分可回答与不可回答的问题	尝试提出自己不能回答的问题	我能回答这个问题吗？ 在我能回答问题前，需要哪些信息？

（四）问题的三种类型

在进一步讨论如何提问之前，我们首先来看一下对问题进行分类的有效方法。该问题分类法为我们提供了一个提问时所需的"快速启动"法。在提问题时，了解问题的类型是非常有用且十分必要的。这是一个有唯一答案的问题吗？这是一个要有主观选择的问题吗？或者这是一个要求你考虑不同答案的问题吗？了解了问题的类型，有助于我们对所需的答案进行预判。现在，让我们一起来看看问题都有哪些类型。

1. 基于事实的问题

只有一个正确答案的问题（事实题属于这一类）。

（1）太阳是如何运行的？

（2）鲁迅写过哪些书？

（3）圆柱体的体积如何计算？

（4）中国南北分布的山脉有哪些？

（5）《泰坦尼克号》是哪一年拍摄的？

（6）中国有多少个民族？

2. 基于偏好的问题

问题随着个体的不同偏好而拥有不同的答案（纯粹主观意见的分类）。这些问题让回答者能够去表达出某种偏好。

（1）爬山和冲浪，你更喜欢哪一个？

（2）你对佩戴假发怎么看？

（3）你愿意去看悬疑片吗？

（4）你最喜欢的食物类型是什么？

（5）你更喜欢在阴天出门还是晴天出门？

3. 基于判断的问题

基于判断的问题是需要进行论证，并有不止一个可行答案的问题。这些问题是具有辩证意义的，答案有更好和更坏之分（被有效论证和不充分论证的答案）。我们可以根据答案的可能范围，搜寻最佳的答案。

（1）我们怎样才能准确地了解出国留学的各项问题？

（2）什么措施可以有效地减少吸毒人群的数量？

（3）关于环保，我们能做的最有效的事情是什么？

（4）中国传统文化中有哪些文化需要发展与更新？

（5）死刑应该被废除吗？

（6）如何有效地进行专业课程的学习？

综合来看，我们可以得出这样的结论：只有关于偏好的问题需要绝对的主观意见，基于判断的问题是与论证判断有关的。在生活中，我们会发现一些人会把判断型的问题当作事实问题或主观偏好问题，本能地去寻求一个固定的答案。他们认为，一个提问要么能够引发事实性的回应，要么能够引发观点性的阐述。但是，我们在生活中其实更需要掌握判断型问题，因为它能够促使人们进行理性思考，提升思维质量。

当判断型问题被当作偏好问题来对待时，看上去个体似乎掌握了批判性思维，但这种批判性思维只是虚假的批判性思维。在这种情况下，个体非批判性地提出所有人的主观偏好都是等同的假设，我们甚至能够预料到他们会提出这样的问题："如果我不喜欢这些标准会怎样？""我为什么不可以使用自己的标准呢？""我没有使用自我观点的权利吗？""我是一个感性的人，那又会怎样？""我喜欢跟随直觉又怎样？""我觉得直觉比论证更重要又会怎样？""我不相信'理性'又会怎样？"当人们拒绝对问题进行合理推理和深度思考时，他们便会忽视提供合理论证支持观点和仅坚持某个观点正确之间的差别。与之相反，一个真正理性的人能够知道判断型的问题是需要考虑多种论证方式的。换句话说，对思维负责的人能识别出需要良好论证的问题并且能够对这些问题进行合适推理与论证。这意味着他们能意识到这类问题可以有不止一个合理解答的方式，更重要的是他们具备责任感，不惮推理论证过程中的困难，在做出最终结论前能够认真考虑与自己截然相反的观点。

那么，在日常思考过程中我们应当如何去辨别问题的类型呢？不妨从思考下面的几个问题入手，帮助我们对问题的类型进行区分与应用。

（1）这个问题需要主观意见或个人观点吗？如果不是，这是一个拥有唯一正确答案或者说只能在唯一确定系统中寻找答案的问题吗？

（2）这个问题可以从不同的角度来有所差别地作答吗？如果这个问题可以从不同的角度来有所差别地作答，那么考虑所有情况之后，问题的最佳答案是什么？

（3）当问题需要开展论证时，某人却说他不需要论证自己的答案，他是否把判断类的问题当作了偏好类的问题呢？这个人是否把判断类问题当作了只存在唯一正确答案的事实类问题？

我们只有清楚了解当下对问题的不同需求，才能全面理解所面对的任务。此外最重要的是，要找出那些可以从不同角度看待、接近于可争论的问题。这些问题通常出现在各个学科相互矛盾的学说之中以及思想或理论的领域中。例如，心理学领域包含许多不同的对立学说：认知行为治疗、完形主义等。很多心理学的问题可以通过不同的学科背景进行论证。这些问题需要我们从不同角度进行思考论证，从而做出合理的判断。

（五）如何解决问题

在我们学会提出问题后，接下来要做的就是去思考该如何解决它，我们可以从以下两方面寻找思路、解决问题。

1. 找到并再次规范表述和评估目的与需求

我们所有人都过着有目的的生活。在日常生活中，我们制定并试图达成目的；我们希望获得与价值观相匹配的结果并且不断满足自己的需求。如果目的和愿望可以自动地达成和满足，生活中将不会存在问题，我们也不会面临抉择，但事实并非如此。在这里我们将问题的产生归纳为两个来源。

（1）达成目的、满足愿望的阻力或条件。

（2）定义目的和愿望时的错误理解。

有些时候，我们会对值得争取和追求的目的产生错误的判断。通常情况下，一名经验丰富的决策者会经常反思他的一些目的是否值得追寻。通常一些问题的产生仅仅是因为人们追逐了一些不应该追逐的东西。比如说，如果我们认为快乐来源于对自身生活和对生活中重要人物的掌控，那么这个目的势必会对我们和我们想掌控的人构成问题。再比如人类总会追求一些"额外目的":财富的"超标"(贪婪)、权力的"超标"(控制欲)和食物的"超标"(导致身体不健康)。这些"额外的目的"也会成为生活中问题的来源。因此,解决问题的手段之一是对目的进行反思与评估,从而对不合理的目的进行校正。

2. 准确地辨别问题并分析它们

如果我们没有认识到问题,就无法解决问题。成为问题解决者的第一步是有效地阐述问题。很多人的问题停留在一种模糊不清的状态中,知道某些事情是错误的但不知道具体是为什么。还有一些人对这种模糊不清的状态不满,但是并没有发现问题产生的根源。回避问题或等着问题自行化解都无助于问题的解决。尽管有时候需要静观其变,但如果只是哀求、不断地发牢骚与抱怨或者仅是坐在那里表达不满,是不能有效地解决问题的。

如果我们能够清晰地表达和评估目的、愿望,就能够理性地表达和评估我们的问题。一旦能够进行理性的表达和评估,我们就能够解决问题而不是将它们揉成一团,置于模糊不清的状态中。因此,要想有效地解决问题,需要我们尽可能详尽、准确地说明问题,然后对问题的类别进行研究,明确我们遇到的是哪一种问题。我们面临的很多问题是十分复杂的,复杂的问题有很多纷繁难懂之处。通常来讲,问题可以从不同角度、不同方面来解决。因此,当我们试图解决问题时,需要从不同的角度进行思考以增加问题顺利解决的可能性。

以美国毒品泛滥为例。毒品泛滥涉及的问题很多,假设当前我们面临的主要问题是如何做才能减少这个国家吸毒的人数?要想从根本上解决该问题,至少需要从三个方面对这个问题进行有效思考。在这里,我们将该问题的思考维度逐一罗列。

(1) 人文方面(问题部分是由文化规范造成的)。

(2) 社会方面(问题部分是由社会群体影响造成的)。

（3）心理方面（这些人遇到焦虑或者其他负面情绪时，不能很好地解决问题，他们依赖可以让他们感觉良好的东西，毒品可以让他们即刻满足）。

（4）生理方面（这些人生理上依赖于毒品）。

（5）法规方面（国家的权力结构阻碍了毒品泛滥问题的解决）。

由此可见，当遇到复杂问题的时候，我们要做的是尽可能地去从不同的维度对这些问题进行探究。当我们思考时，需要分清哪些问题是可控制的，而哪些问题是无能为力的。将无能为力的问题搁置在一边，集中全部精力去解决有能力处理的问题。唯有如此，才能够提升我们解决问题的效率。

四、在课堂学习中对于目的与问题的运用

对于任何知识来说，要想掌握好它就需要将其作为一种思维模式来理解。我们对思维模式了解得越深，对知识掌握得就越娴熟。现在，让我们结合前面的学习一起思考一个问题：我们该如何看待大学课程？思维要素中的目的与问题在我们对该问题进行思考时是如何引导我们获得理性答案的？我们可以通过以下问题帮助我们寻找到理性的答案：这次作业的目的是什么？老师问我这个问题的目的是什么？我在课堂上的目的是什么？我读大学的目的是什么？我的长期目的是什么？这次作业的关键问题是什么？研究者关注的关键问题是什么？大学中阻碍我成功的关键问题是什么？

所有优秀的思考者都是好的提问者。学会提出富有见解的问题，我们将会发现自己学得越来越多，进步也越来越快。我们不妨在每门课程中都仔细思考自己的目的与问题，将它变为常规的思维习惯。长此以往，相信我们将会在完善思维方式的基础上得到更深层次的学习体验。

没有人能代替我们进行思考；除了我们自己，也没有人能真正改变我

们。如果真的想从所学的内容中受益，那么我们就要进行更高层次的学习，发展自己的智力技能，让自己能够用规范的思维方式进行思考，这种方式能够帮助我们对知识进行深入的理解并将其运用到生活中。

第六节　概念与信息

在本节内容中，将会对批判性思维中的概念与信息这两个要素进行详细介绍。在概念部分，我们将对概念的内涵进行阐述，力求在理解概念特征和含义的基础之上消除论证中的概念谬误，澄清概念，构建清晰的思维；在信息部分，我们将深入理解什么是信息的真实性，以求真的态度探求信息、评估信息。

一、澄清概念

（一）概念的含义

概念的含义本身并不容易理解，我们通过一个例子看一下：比如以前你从来没见过一种叫猫的动物，当有一天你见到了，别人告诉你这是一只猫，这个时候你就有了"猫"这个概念，以后再遇到类似的动物，你就知道它叫猫。所以，概念并不仅仅是一个抽象的概念，概念本身也是一种概念。人类和动物最大的区别之一就是会抽象总结，会用概念、术语和符号去定义某些事物。比如滑雪，我一说你就知道我在指什么，不用演示给你看；或者说科幻片，大家一听这个概念一般都明白这是一种什么类型的电影，不需要去电影院看一遍。所以，当我们定义了某个事物，也就把它整合进了我们的思想观念里，这样就能去思考和传播它。

论证中使用的关键概念能够对论证产生重要影响，想要知道一个论证的质量如何，首先得考察、分析其关键概念。概念是思维形式最基本的组成单位，是构成命题、推理的要素。概念有两个基本的逻辑特征：内涵和外延。概念的内涵是指概念所反映的事物的特性或本质；概念的外延是指反映在概念中的一个个、一类类的事物。例如，"商品"这个概念的内涵是用于交换而生产的劳动产品；外延是指古今中外的、各种性质的、各种用途的、在人们之间进行交换的劳动产品。任何概念都有内涵和外延，概念的内涵规定了概念的外延，概念的外延也影响着概念的内涵。一个概念的内涵越多（即一个概念所反映的事物的特性越多），那么，这个概念的外延就越小（即这个概念所指的事物的数量就越少）；反之如果一个概念的内涵越少，那么这个概念的外延就越大。

概念一般出现在思考过程中，我们训练自己的心智，让自己越来越善于创造和使用概念，也就是让自己获得越来越强大的思考能力。但与此同时请思考一个问题：朋友和熟人是一回事吗？聪明和狡猾是一回事吗？谦逊和卑躬屈膝是一回事吗？你看，如果分辨不清这些很相近的概念，那么我们很容易混淆一些重要的区别，弄不清楚它们真正指的是什么，这就是辨析概念的必要性。

有的概念具有多层含义，不同的情境下使用相同概念，表达的意思会有很大差别。甚至，如果在同一段思考过程里，连续几次用到的某个概念，每次所指的东西都不一样，那么这显然就影响了思考的质量。

（二）概念的一致性

基于对概念内涵的认知，我们在审视一段思考里用到的某些关键概念时，要注意这样一个问题：我在思考过程中，论题、论证和结论里出现的概念、定义是一致的吗？

在一段思考里，如果思考者对某个概念的前后定义不一致，那么这就是偷换概念。我们在反思自己的思考质量时，批判性思维需要我们问自己这样一个问题：我清楚自己用的概念指的是什么吗？我使用的这个概念，当它每次在我的整个思考中出现的时候，指的都是同一件事吗？但这是不是就够了呢？不够。在大多数情况下，我们的思考是要用于表达、是要讲给别人听的。我们自己对某个定义可能心里有数，但是听的人却不一定和你理解的是一回事。

比如你身体不适去就医，医生建议饮食清淡，医生可能想说的是在口味上做到清淡，但你的理解却可能是不吃肉才是清淡，所以按饮食清淡这个前提，医生认为蔬菜麻辣烫是不能吃的，你却觉得蔬菜麻辣烫可以吃。

当我们在输出思考和观点的时候，如果用到一些关键概念，那么我们不能自己觉得前后一致就够了，还需要审视这些概念会不会误导别人。

对这些可能给别人带来误解的概念，我们可以从这几个角度把它们审视一遍：关键概念的定义准确吗？我们用到的概念是不是准确？有没有歧义？

但是，关键概念准确了，我们对同一个概念的理解可能还有偏差。偏差在哪儿？很可能在定义的清晰和精确程度上。我们对概念的定义越清晰，我们的思考就越能对抗笼统和抽象。"陕西历史博物馆在西安"这个判断肯定准确，但是不清晰，如果说"陕西历史博物馆在西安雁塔区小寨东路上"，后面这个判断就比前面那个判断的精确程度要高。

你开车到了某一路段，地图导航里提示："这条路限速60。"我们的日常知识储备就知道这个意思是开车时速超过60公里就会受罚，但要是提示语是"这条路超速罚款"，那你到底应该开多慢呢？这就没有"限速60"精确。

精确程度有时候是无止境的，比如圆周率可以用3.14，也可以用3.1415，还可以精确到更小的位数。所以有人认为概念的精不精确没那么重要，准确就可以了，但其实从信息接收者的角度来看，精确程度反映了你对一件事的审慎和郑重。甚至，你需要在思考和表达的时候留意一下所用概念的精确程度，是不是在流露你的真实情绪状态。

批判性思维要求我们在思考中做出定义。无论我们讲概念的准确性也好，精确性也好，其实都是在说，在思考过程中，要对关键概念达成共识。达成概念上的共识还有一个最简单的做法，那就是直接在思考和论证的过程中把一件事定义清楚。

总之，我们要特别留意思考过程用到的关键概念，要看看它是不是前后一致、是不是在立论者和接受者之间存在理解偏差，批判性思维要求我们确保关键概念的准确性和精确性要达标。

（三）概念谬误

1. 模糊性

一个概念的模糊性是指它的适用范围和边界不清楚，汉语中有很多词天生就具有模糊性，这既是正常的，也是我们日常需要，比如说"我出去散会儿步"，"一会儿"到底是多少，虽然是不清晰的，但没有澄清的必要。但是，概念的模糊性会对批判性思维认证产生很大阻碍。比如我们说，充足的睡眠有助于健康，我每天都睡眠充足，所以我肯定会健康。这个认证的问题出在哪里想必大家都可以看出来，就是"充足"这个词语的界定太过于模糊、不明确，因此两件事情的相关性就不能由指导得出结论。

概念模糊的危害是，如果你不能确定词和句子的内容，那么就无法确定它的真假范围，无法确定它和其他前提是否指同一件事，那么认证就无法建立。此外，我们也要注意，有时候概念貌似精确，但隐含虚假或不确定的情况，这在商业广告宣传中很常见，需要我们提高警惕。

2. 偷换概念

在逻辑学中，偷换概念又叫偷换论题的谬误，是指在思维和论辩过程中，用一个概念去替换另一不同的概念，因而产生违反同一律要求的逻辑错误。如根据"物质是不灭的，地球是物质"，推出"地球是不灭的"结论，就犯了偷换概念的错误。因为"物质"这一名词在两个前提中表达不同的概念。大前提中的"物质"是哲学概念，小前提中的"物质"是物理学概念，这种错误表现在三段论里叫作四概念错误。一个人在讨论问题的时候，假如提出一些不相干的论题来转移原本的讨论焦点，那么这就犯了偷换论题的谬误，偷换了一个重要概念、句子，甚至观点的意思就会大不一样。

偷换概念主要有以下几种表现形式。

第一，偷偷改变一个概念的内涵和外延，使之变成另外一个概念。

例1：法律规定干涉他人商业行为属于违法行为，那么降价干涉了他人商业行为，所以降价是违法的。

分析：这里，第一个"干涉"和第二个"干涉"的意思是不同的，所以结论不成立。

例2：凡有意杀人者都应被处死刑；某行刑者是有意杀人者，所以某行刑者应被处死刑。

分析：例子中"有意杀人者"出现两次，但其意义是不同的。第一次指"以身试法，故意杀人"；第二次指"依照法律，奉命处死犯人"。此论证在不同意义上使用这一语词，并以此为论据证明"某行刑者应被处死刑"的论断。

我们来看一个案例：

某人早餐先要了份包子，没动筷子，让店主换了个油条和豆浆，吃完不付钱就要走。店主要他付钱，他问要付什么钱，店主说油条和豆浆的钱，他说我是拿包子换的，店主就说那你付包子的钱，他说包子我又没吃。说完扬长而去，店主愣在那里，一时回不过神来。

我们来分析一下吃早餐的人偷换概念的错误。没吃的包子有两种概念：一是已付钱的包子；二是未付钱的包子。顾客把"未付钱的包子"偷换为"已付钱的包子"，从而用包子换成了油条和豆浆。这时，未付钱的包子虽然没吃，但被借用了就应该还，如不能还则应付包子的钱。

第二，混淆集合概念与非集合概念。

集合概念反映的是一类事物的整体属性，而非集合概念反映的是某一类事物中的某个元素的属性。

例1：鲁迅的著作不是一天能读完的，《狂人日记》是鲁迅的著作，因此，《狂人日记》不是一天能读完的。这里前一个"鲁迅的著作"是集合概念，后一个是非集合概念，这样推理就犯了混淆或偷换概念的错误。

例2：克鲁特是德国家喻户晓的"明星"北极熊，北极熊是名副其实的北极霸主，因此，克鲁特是名副其实的北极霸主。

分析：上述论证存在偷换概念谬误，第一个"北极熊"是非集合概念，第二个"北极熊"是集合概念。

第三，利用多义词混淆不同的概念。

例1：所有黄牛头上都有角，张三是黄牛，所以张三头上有角。

分析："黄牛"可以指作为动物的黄牛，也可以指"票贩子"。

例2：孔子说"君子喻于义，小人喻于利"。张三个子很小，便是小人，所以张三只懂得讲利害。

分析：孔子说的"小人"是指不道德的人，而张三是"小人"，指的是个子小，不是同一概念。

例3：有一道小学生的考题："以'难过'造一句"。

一学生造的句子是"我们家门前的大水沟很难过"。

分析：题中"难过"应是指感情上难过，学生将其偷换为"难以迈过"。

第四，将似是而非的两个概念混为一谈，即抓住概念之间的某种联系或表面的相似点，抹杀不同概念之间的根本区别。

例如，我国正常婴儿在3个月时的平均体重为5~6公斤。因此，如果一个3个月的婴儿的体重只有4公斤，则说明其间他（她）的体重增长低于平均水平。

分析：上述论证混淆了"平均体重增长"与"平均体重"这两个概念。如果上述婴儿出生时的体重低于平均水平，则其间他（她）的体重增长不一定低于平均水平。

3. 抽象概念

抽象概念在传统逻辑中与"具体概念"相对，指反映对象属性的概念，即它不是以对象本身，而是以从各个对象中抽取出某种属性作为独立的思考对象，如"勇敢""正义""大于""相等"等。

抽象空洞便无法做到实证，你可能会这样评价自己：工作努力，具有团队精神，善于沟通，学习能力强，积极主动，适应能力强等。但这些抽象的语词并不会给你加分，稍有经验的人就会看出空洞的实质。因为，没有实际、具体的内容和证据不能算好的论证。

我们经常看一些文章，到处可见一些词语，如很生动、有特色，但具体指什么，下文并没有指出。抽象的语词常常成为套话，它可以在所有地方都适用，也就是都不适用。只会说套话的，多半没有真才实学。比如问一个运动员如何提高运动水平，专家说："只要他提高足球意识，就能成为优秀的足球运动员。"再问为什么中国足球这么糟糕，出路何在，专家说："中国足球成绩不好的原因非常多，但只要遵循足球发展的客观规律，耐心发展足球运动，中国足球崛起是迟早的事情。"这些套话就是空洞。

空洞也来自同义反复。比如报纸针对"怎样做到受观众欢迎"这一问题这样回答："只要创作、演绎出优秀的、人民群众喜爱的作品，自然会受到人民群众发自内心的喜爱。"如果你想知道如何得到"人民群众发自内心的喜爱"，这个回答就是重复你的问题，没有提供任何信息。

还有一种回答是把全部可能性都包括了，也就是丧失了信息量。比如前任美国总统特朗普回答媒体关于"何时打击叙利亚"的问题："可能很快，也可能不会很快。"他把两种可能性都说了，但到底是哪一种？你还是一无所知。这种模糊回答也就是空洞。空洞的概念无法提供明确的信息，从而也无益于我们接下来的思考。

案例探讨：你在生活或学习中，有没有因为概念定义不一致而被误导过？请与你的同学进行探讨并举例说明。

二、探求真实信息

（一）探求真实信息的内涵

在当今信息大爆炸时代，我们可以通过多种途径获得丰富的信息，但我们获得的信息就一定是真实的吗？当然不是，信息的真实性越来越难以确保。现在看新闻，经常会发现出现剧情反转，而且还不止反转一次。为什么这种情况越来越常见呢？有很多新闻事件，普通人也没有额外的信息，这种情况下怎样运用批判性思维来判断真相呢？

首先，信息本身还不完整；其次，信息提供者本身就自带倾向；最后信息提供者不止一方。这三个因素体现了社会的信息供应方式在进化，它开始把不同阶段、不同角度的信息片段都展示给你看。以前没有互联网，或者没普及互联网的时候，信息渠道有限，所以当你看到一则新闻的时候，通常事情已经尘埃落定，即事情已经在信息渠道完成了定性。换句话说，信息渠道拿走了"定义事实的权力"。

互联网技术能够让我们更快地获取到信息，等于是把一则新闻从发生、到传播、再到被定性的过程，不断地摊开给你看，很多消息还没被确认、过滤就变成了信息。批判性思维的必要性在这里体现出来了，正是因为我们拥有了更丰富的信息获取渠道，能看到不同阶段、不同维度的信息片段，因此我们有更多的机会去做理性的、反思的独立判断。思考和论证必须建立在真实和全面的证据上，实证要立足经验和实践。

作为观众的我们永远看不到镜头，眼见未必为实。需要反思的是，我们是否已经习惯了媒体操纵我们的观点？兼听则明，完全偏信某一种媒体、某一个媒体、某一时的媒体，就有可能看不到真相。

1929年，超现实主义画家勒内·马格里特（René Magritte）画了一幅画，画中是一支大烟斗，画面下方则写了一行法文："这不是一支烟斗。"

为什么呢？这实在是一个令人困惑的判断，画面上明明画了一支烟斗，可是画家又用文字否定了再现的形象，其实他想表现的是，烟斗的形象符号绝不是烟斗本身，从这种角度来看，的确"这不是一支烟斗"，我们自己赋予图像以意义，称这个图像为烟斗，但事实的重现并不等于事实本身。

另外，人的感官是有局限的，比如人的眼睛看不到红外线，但我们并不能由此得出结论，说我们对红外线不可知，可见人感官的局限性构成了人认识能力的限制，因此，媒体呈现给我们的事物也是具有局限性的，不一定是真实的、全面的，别人会让我们看到他们希望我们看到的东西，我们每天从网络中获取大量信息，这些信息影响着我们对世界的认知。人们在处理信息时，都会按照眼睛看到的、耳朵听到的、亲身遭遇的和心里臆测的这几个原则筛选和取舍，继而慢慢形成自己收集信息的渠道和方式。例如一个足球迷，基本会一直选择关注体育媒体，体育媒体也基本会影响和塑造他眼前的这个世界。

那么，我们只能就这样活在一个"不真实"的世界里吗？不，我们追求真实、认识这个世界的最终目的，是为我们有限的生命服务，为我们每天的生活服务，是为了让生活更美好、更快乐、更幸福。

我们生活在由信息构成的世界，无时无刻不受信息的影响。网络上丰富的信息未必是积极的信息，而是给了我们更多选择和撷取的机会。如果我们具备批判性思维能力，就知道如何理性地筛选信息、选择信息源和信息解读方式，而不是人云亦云、偏听偏信，就能够以包容、理解的心态去面对纷繁复杂的万千事物。

（二）培养求真的品质

现今社会虚假现象触目惊心，如果我们稍加关注新闻就会看到，从科研数据作假到论文买卖，各行各业都存在舞弊现象。科学网 2018 年报道，过去十年里，国际电气和电子工程师协会（Institute of Electrical and

Electronics Engineers，IEEE）一共撤回了 7000 多篇其主办会议的论文及论文摘要，大批耗费国家资金但价值无几的劣作，企图借会议论文审查不严之机，进入收录检索之列，从而充作发表的论文。

我们要具备鉴别真实信息的能力。辨别真伪的基本原则如下：

第一，追求和验证原始证据。我们要尽可能去追求原始数据，查原文是重要途径，对一手信息和材料也要持批判的态度，辨别它是否可靠。

第二，寻求多方面独立来源验证证据。一个人的经验或观点是片面的，多个人可进行验证补充。

第三，追求公正性。面对相同一件事，每个人都会受利益、情感、成见的影响，摒除主观的偏见就会有公正性，公正性会让我们看到事物本来的面目。

另外，考察信息的来源也是鉴别真实信息重要的维度。在之前的介绍中，我们说过现今大部分信息都是经传播而来的，我们无法从直接经验逐一验证，所以我们要通过证据来源的品质进行判断：证据的来源是否可以核实？证据的来源可靠吗？证据来源是如何获取证据的？来源有偏向的可能吗？来源的专业能力如何？等等。

最后，我们还需要考量信息本身的质量。考虑的维度包括：信息和考虑的问题相关性如何？信息的质量如何？记录是否细致、准确、完整？信息客观吗？全面吗？与其他观察、常识和知识一致吗？信息记录的时间性如何？对信息的评估包含对信息来源以及信息本身质量的考察，最常用的指标包括信息的完整性、全面性、客观性、具体性和时间性等。

（三）训练求真思维

经济学家周其仁说，我们很多"知识"是不那么靠得住的，比如很多人讲的所谓秘闻，这些秘闻往往无法查证，因此难辨真假。"我自己对没有查证的知识兴趣不大，横竖人家怎么说都可以。"我们可以努力让无从查证的东西难以轻易进入自己的头脑。周其仁说："养成一个习惯，所有知识，书上来的也罢，教授讲的也罢，只要记忆好，可以尽收眼底，但把哪个当真，要讲究讲究，查证不了的东西别听了读了就当真，尤其别作为下一个知识的支撑点。宁愿知道自己无知。天下好多知识其实靠不住。"

周其仁的警醒之语，尤其适合社交网络时代。信息大爆炸时代，在社交网络上，未经查证的内容和信息实在太多。腾讯联合创始人张志东此前说过，"很多社交网络的用户都是互联网的新用户，从论坛、博客一步一步过来的互联网'老鸟'可能还有网络信息辨识能力，但新的互联网用户还是以看报纸、杂志的态度来读朋友圈和微博上的内容。"

周其仁说，这种求真的思维方式，可以通过找教练帮忙训练的方式来培养。选教练时，"别选看起来友善的，客客气气的，那是选路人，不是选教练。而要找那种严格的，课堂上你讲一句他驳一句，每个步骤都不放过，直到养成习惯，没推敲过的东西不能随便出口"。

他回忆自己1990年到芝加哥大学经济系访问时的经历，在芝加哥大学，开学之前，每个同学就打听好了其他同学的特长，然后迅速结成学习小组，在小组内讨论问题、脑力激荡。然后，每周都有大牌教授的工作坊，在工作坊里，大家讨论问题，"百无禁忌、没大没小，问题直截了当，用语不够礼貌。当你面对'攻击'，教授会喊：'Defence！Defence！'攻攻守守，思路就打开了"。其实问题就是，我们在真正重要的问题上往往太客气了，不愿意为难别人，也不愿意别人来为难自己，于是就缺乏辩论，辩论是进行批判性思考的最佳途径，辩论指引我们去求真。

布鲁斯·N.沃勒（Bruce N. Waller）在他的《优雅的辩论》中提出辩论有六个方面：

（1）认真倾听至关重要。

（2）不要随意贴标签。

（3）拒绝稻草人谬误（论证过程中逻辑结构错误之外的错误），不要曲解、夸大或歪曲对方论点或立场。

（4）避免人身攻击。

（5）警惕折中的解决方案。

（6）寻找对立观点中积极的一面。

首先，我们要分清事实与观点的区别，这其实也是批判性思维的基础，尤其切记不要把自己的观点误认为是事实。其次，辩论是对问题形成判断和思考，不是去寻找问题的解决方法，而是要冷静，需要排除相关情绪，才能避免自己成为偏见的附庸。另外，我们在世上生存，往往需要的不是知识，而是洞见。洞见会帮你找到问题和辩论的根源，然后运用洞见分析直接解决还是曲线解决甚至不解决，因为时间往往也是解决方法。最后，辩论时不妨考虑一下价值多元，并且试图理解和欣赏对立的观点，使讨论变得诚恳，这种态度可能给你加分，甚至改变对方。最后这一点涉及批判性思维为什么强调表达观点？也就是将你的批判性思考的收益进行扩大化，在这一点上，体现了批判性思维既是一种技能，同时也是一种品德的特质。

第七节　隐含假设与推理谬误

假设与推理是思维八要素中至关重要的两个要素，可以说假设与推理的质量直接决定了我们思维的质量。本节将重点对假设的挖掘、推理的标准以及生活中常见的推理谬误进行讲解，以期能够帮助我们更好地对自身的思维进行反思。

一、隐含假设的定义

隐含假设的挖掘与识别对于我们形成批判性思维有着举足轻重的作用，我们可以说要想准确地接收一则信息或一条论证所传达的含义并对其真伪性进行辨别，评估其隐含假设是不可或缺的一项工作。著名数学家埃里克·坦普尔·贝尔（Eric Temple Bell）曾说过："欧几里得教导我没有假设就没有证明，所以在任何论证里，要审查假设。"

假设是我们认为理所当然是推理前提的信息，它通常是指我们先前学习过并不会质疑的知识内容，是我们信念体系的一部分。在概念中，无论是"假设"还是其所属的"信念体系"，都可统称为论证背景或论证的隐含基础。依照董毓在其《批判性思维原理和方法：走向新认知和实践》中的表述，论证的隐含基础包括论证的条件、假定、信息、观念与知识。这些要素可能不在论证中明确地出现，却对论证的稳定性起着支撑作用。因此，我们将这些论证需要却未明确在论证中表述出来的要素统称为隐含假设。董毓将隐含假设定义如下：隐含假设是论证者相信为真，并认为大家也接受的立场、信念、知识等，它们是"共同前提"，是论证者和读者可以相互理解，论证可以进行的共同基础。

二、隐含假设的类型与挖掘

（一）隐含假设的类型

当信息提供者在向我们传递信息时，总是会努力提供与其立场相一致的理由来支撑其论点。因此每一个论证在初看之下都显得言之有理。但作为一名具备批判性思考能力的人，我们需要仔细地评估每一个论证的真伪，挖掘论证中隐含的假设便是其中的一种评估方法。要想高效、准确地对隐含假设进行挖掘，我们首先应当清楚隐含假设的类型。在不同的论证中，我们会发现形形色色的隐含假设。对于这些各式各样的隐含假设，不同的学者依据不同的标准对其进行了分类，譬如董毓在《批判性思维原理与方法：走向新的认知与实践》中依据隐含假设在论证中的不同作用将隐含假设分为预设假定（presuppositions）、隐含前提（suppressed premises）、支撑假设（underlying assumptions）与含义（implication）。

在本书中，我们将采用尼尔·布朗（Neil Browne）对于隐含假设的分类方法，依照隐含假设的内容将其分为两类，一类为价值观假设（value assumption），另一类为描述性假设（descriptive assumption）。接下来我们将对这两种假设进行具体介绍。

1. 价值观假设

价值观假设是一种想当然的看法，认为某些相互对立的价值观中的一个比另一个更重要，是指对这个世界应该是什么样的信念。在我们的生活中，由于获得的直接经验不同、他人对我们所造成的影响不同以及每个人的推理方式不同，我们有着不同的心智模式，形成了自己独有的价值观。在每个人独有的价值观体系中，有一些价值观是大多数人所共同拥有的，如尊老爱幼、追求公平等，但有一些价值观是个人所独有的。这些为个人所独有的价值观在有些时候会产生冲突，如并不是每个人都能够认同待人诚实这一价值观。尼尔·布朗在其著述中提到，一个人对特定价值观的偏好常常不会明说，但是这个价值取向一定会对他的结论产生重大影响，同时也会影响他捍卫这一结论的方式。正因为我们的价值观会产生冲突或发生抵触，挖掘并评估论证中的价值观假设才更为必要。

2. 描述性假设

描述性假设是指对这个世界的过去、现在或者未来是什么样子的信念。我们知道，当我们面对一个论证时，仅凭被明确表述出来的论据往往不能够必然地推导出结论。这时，如果我们想要建立论据与论点之间的直接联系就必须通过其他特定的、未明确表达出来的想法对其进行补充。这些未明确表达出的想法便是隐含的假设，当这些隐含的假设是一个关于事情是什么样的陈述时，我们便说这个假设是描述性的假设。

在这里我们需要注意的一点是，价值观假设是一个关于事情应该是什么样的陈述，它代表了信息发出者的希冀与愿望，而描述性假设则代表了信息发出者对于事物的认知。

3. 隐含假设类型辨析

如何辨别一个隐含假设是价值观假设还是描述性假设？让我们一起通过下面这个案例进行学习。

案例分析：请对以下两个简短的论证进行分析，找出其中的隐含假设并指出哪一个为价值观假设，哪一个为描述性假设。

论证一：日本核污染水不应当被排放至海洋中，核污染水会对太平洋的海洋环境以及太平洋沿岸的居民健康造成威胁。

论证二：日本核污染水应当被排放至海洋当中，核污染水的排放会减轻日本政府的负担并且从理论上来说核污染水已经达到排放标准。

论证三：这种型号的车我在各种各样的地形都驾驶过，无论你的目的地在哪里，这辆车肯定会将你送至目的地。

接下来让我们对这三个论证逐一进行分析。首先我们将论证的结构进行拆分，被拆分后的论证结构表现为以下形式：

论证一 论据：核污染水的排放会对太平洋的海洋环境与沿岸居民健康造成威胁。

    论点：日本不应当向海洋排放核污染水。

论证二 论据1：核污染水的排放会减轻日本政府的负担。

    论据2：从理论上来说核污染水已经达到排放标准。

    论点：日本应当向海洋排放核污染水。

论证三 论据：这种型号的汽车在各种地形上性能表现都不错。

    论点：这种型号的车肯定能将你送至目的地。

将论证进行了如上拆分之后，我们来分别对以上三个论证的隐含假设进行挖掘。通过论证的拆分，我们会发现无论是哪一个论证，依照其论据都不能必然地推出论点，要想建立论据与论点之间的直接联系，我们需要对其中隐含的论据进行补充。当我们对论证一进行分析时会发现要想从论据推出论点，就必须对海洋环境与沿岸居民健康的重要性进行界定，因此，该论证中包含的隐含假设为"我们应当首先保证太平洋的海洋环境与沿岸居民的健康"；当我们对论证二进行分析时会发现要想使论据与论点直接相关，我们需要补充的隐含假设为"减轻日本政府的负担是比其他事情更为重要的事"以及"只要在理论上核污染水达到排放标准就能够将其排放至大海"；运用同样的方法，我们可以得出论证三中的隐含假设为"年复一年，某型号汽车的质量始终如一"以及"将要购买这辆车的人的驾驶水平和驾驶经验与论证构建者的驾驶水平、驾驶经验具备一致性"。

现在，让我们将以上论证的隐含假设全部罗列出来以便对其进行分类：

隐含假设1：我们应当首先保证太平洋的海洋环境与沿岸居民的健康。

隐含假设2：减轻日本政府的负担是比其他事情更为重要的事。

隐含假设3：只要在理论上核污染水达到排放标准就能够将其排放至大海。

隐含假设4：年复一年，某型号汽车的质量始终如一。

隐含假设5：将要购买这辆车的人的驾驶水平和驾驶经验与论证构建者的驾驶水平、驾驶经验具备一致性。

通过价值观假设与描述性假设的概念，我们已经清楚地了解到价值观假设是对事情应该是什么样子的判断，而描述性假设是对事情是什么样的描述。

基于概念，我们可以看出上述隐含假设1、隐含假设2以及隐含假设3都属于价值观假设，它们都是论证者对这个世界应该是什么样子或者应该以何种形式运作的陈述。在隐含假设1中，论证者的价值观是将海洋环境与沿岸居民的健康放在首要位置，其他事情的优先等级都不应该高于这两件事情；而在隐含假设2中，论证者的价值观与隐含假设1中作者的价值观形成了对比，论证者认为日本政府的利益应当高于其他一切事情，包括海洋生态环境与沿岸居民的健康；在隐含假设3中，论证者的价值观为任何事情只要是在理论上达到标准就可以或应当实施。

隐含假设 4 与隐含假设 5 都属于描述性假设，它们都是论证者关于世界过去、现在和将来是什么样而没有明说的认知。在我们分析隐含假设 5 时需要特别注意，该假设主要围绕着"驾驶水平"与"驾驶经验"这两个概念生成。该假设的成立取决于买车人与论证者对"驾驶水平"与"驾驶经验"的理解具备同一性，即买车人与论证者的驾驶水平应当等同，驾驶习惯或驾车常去的环境也应当大致相同。这种围绕着概念而产生的隐含假设，我们称之为定义性的假设（definitional assumption）。定义性的假设属于描述性假设的一种。

（二）隐含假设的挖掘

我们在进行决策时都会不自觉地基于一定的假设进行推论。可以毫不夸张地说假设与推论充斥在我们生活的方方面面。对于有些人来说，在做一项决定时，假设与推论的形成都是在潜意识当中进行的。因为未能对假设进行挖掘、对推论进行审查，该类型的人群做出的决定往往是缺乏理性的。他们做出推理所依托的假设是否具备合理性是不确定的，他们的推理过程是否具备有效性也是随机的。因此这类人群所做的决定正确与否是具备或然性的。

通过前面章节的学习，我们已经了解到批判性思维就是帮助我们实现理性从而做出正确的决策。实现理性一个重要的途径便是对我们推理背后隐含的假设进行挖掘，增强我们对自身思维的控制力。理查德·保罗在《批判性思维工具》一书中提出："人类所有的思维本质上都是推论性质的，对思维的控制力也就依赖于对思维中推论及假设的控制能力。"因此，我们需要通过大量、长期的训练来识别、挖掘推论背后的隐含假设以求实现理性。

对于如何挖掘隐含假设，不同的学者有不同的观点。纵观这些不同的方法，大致上可以将其分为两类：一类是以逻辑学技巧为基础的挖掘法，另一类是以理解文段为基础的挖掘法。接下来我们将分别对这两种挖掘方法进行介绍。

1. 以逻辑学技巧为基础的挖掘法

以逻辑学技巧为基础的挖掘法强调在挖掘隐含假设的过程中充分运用逻辑学相关技巧，通过对不同类型论证进行分析、考察隐含假设是否能够使论证具备有效性等方法对隐含假设进行识别与评估。董毓在《批判性思维原理与方法：走向新的认知与实践》一书中将挖掘隐含假设的工作从逻辑上分为了寻找与评价两个部分。董毓认为从逻辑出发，在对隐含假设进行寻找与评价时应当遵循以下两个步骤：

（1）补充：确定论证中前提和结论之间的关系与缺口，寻找线索；发现或建造连接这样关系的保证，即隐含前提以及它们的支撑假设。

（2）评估隐含前提与支撑假设：是否足够使论证有效（演绎）或合理（归纳）？是否有关、有内容、可信？是否有别的更加可信的假设或前提？这个论证是否能被可信的隐含假设修补为完善的或者合理的？

2. 以理解文段为基础的挖掘法

以理解文段为基础的挖掘法强调从总体上把握文段的含义，在此基础上以转换立场为核心方法对文段中的隐含假设进行挖掘。《学会提问》一书的作者尼尔·布朗提出了针对不同类型隐含假设，我们可以利用不同的方法对其进行挖掘。具体操作方法如下：

首先，对于如何挖掘价值观假设，尼尔·布朗认为我们需要通过特定的步骤来对其进行挖掘与识别。这些步骤如下：

（1）调查作者的背景。

（2）思考为什么作者的立场产生的后果对他而言显得那样重要。

（3）寻找类似的社会争论，看看同类的价值观假设。

（4）使用反串的方法。采取与作者相反的立场，看看哪些价值观对这一相反立场显得格外重要。

（5）找一找与其相关的、常见的价值观冲突。

其次，对于描述性假设而言，我们可以遵循以下几点对其进行挖掘与识别。

（1）不断思考结论与理由之间存在的鸿沟。

（2）寻找支撑理由的那些没有明说的想法。

（3）使自己站在作者或演说者的立场上。

（4）使自己站在反对者的立场上。

（5）避免将不完全成立的理由当成假设。

在选择挖掘隐含假设方法的过程中，我们需要特别注意的是，以逻辑学技巧为基础的挖掘法和以理解文段为基础的发掘法之间并无优劣之分。我们需要根据具体情况来选择采用何种挖掘方法，甚至有时我们可以将两种挖掘方法融合在一起使用。

另外需要格外注意的一点是当我们在对隐含假设进行挖掘时，一定要秉承宽容原则来考虑论证者的原意。宽容原则是指尽最大的可能去准确理解论证者的意图，不对其意图进行刻意的歪曲。宽容原则是一个理性的批判性思考者应当熟知的原则，它贯穿了批判性思考的整个过程。董毓认为，在使用宽容原则对隐含论证进行挖掘时具体包含以下两点。第一，加上的隐含前提是论证者要加上的，或者至少是可以接受、可以承认的。在找到不止一个可能的隐含前提时，符合原意是选择隐含前提的第一考虑。第二，在不能确定作者原意的情况下，以及在找到不止一个隐含前提，但不清楚作者会用哪一个时，我们应当假定作者具备正常的智力，会运用我们看起来合理的前提。让我们通过一个有趣的案例来看一看如何在日常生活中对宽容原则进行运用。在赵本山与宋丹丹表演的小品《老伴》当中有这样一段有趣的对话：

赵：我稀里糊涂就跟人下场了，刚扭两步过来三个老头要揍我。

宋：为啥呢？

赵：说我跟人那老太太飞眼了。

宋：你说你也不认识人家老太太你跟人飞啥眼呀？

赵：不可能，扭大秧歌那上来劲我就做俩动作（扭了一段）这算飞眼吗？

宋：这还不算飞眼？你眼睛再大点眼珠子都快飞出来了。

赵：哎哟。

宋：你呀，你指定是瞅着人家老太太长得漂亮，是吧？

赵：拉倒吧，漂亮我挨顿揍还值，还漂亮？

宋：嗯？

赵：那老太太长得比你还难看呢；啊，不是，我说她没有你难看；你呀，比她难看。

赵本山所扮演的大爷说出的最后一句话使宋丹丹扮演的大妈十分恼火，但究其根本原因却是宋丹丹扮演的大妈与观众们在理解这段话时未能够遵循宽容原则。我们在这里试着将赵本山最后的话完整的论证进行还原：

论据：老太太长得比你难看。

论点：我不会和她抛媚眼儿。

现在让我们将论证当中的隐含假设挖掘出来并对其进行评估。在这段论证过程中所包含的隐含假设不仅为一个，它们是"老太太长得难看""你长得难看""如果一个人长得难看我就不会和她去'飞眼'"。那么如果我们遵循宽容原则，将赵本山扮演的大爷视作一个智商、情商皆健全的人，那么我们便会发现，该论证的隐含假设不应当包含"你长得难看"这一条。之所以我们愿意将这条隐含假设认定为真，是因为相信其为真，能够产生我们所需要的喜剧效果，但喜剧效果并非是我们挖掘与验证隐含假设所需要考量的因素。

三、挖掘隐含假设的必要性

在大多数的时间里我们并不会有意识地对决策的隐含假设进行挖掘，对于大多数人来说，挖掘与评估隐含假设的能力是十分匮乏的。隐含假设的挖掘之于论证的构建、论证的评估以及批判性思维的形成具有非常重要的意义，其对于我们的影响主要体现在以下几个方面。

（一）对于隐含假设的挖掘有助于深入地理解与评估论证

对于论证的分析与评估工作而言，挖掘隐含假设是保证这项工作顺利进行的重要步骤。隐含假设的挖掘能够帮助对论证进行重构与完善，从而让我们能够更深入地对论证的背景、论证的逻辑性以及论证提出者的价值观进行分析与评估，进而对论证的有效性或合理性进行判断。正如董毓所说，对隐含假设深入细致地发掘与分析使我们的认识达到了新的层次。善于考察隐含假设是一个有素养的研究者应当具备的能力。

（二）对于隐含假设的挖掘有助于对自我的行为进行校正

在生活中，我们每一个人都在不断地做出假设。一些假设与我们身边的朋友、亲人，甚至是陌生人相关，有些假设与社会的运行机制相关，有些假设与我们对于世界的认知相关。各种各样的假设构成了我们对于他人的判断、世界的认知，甚至对我们应当如何在特定的背景下做出决策提供依据。对于这些假设，大多数是在我们无意识的情况下做出的。在这些大大小小的假设当中，真实与虚假相互交织，如果不加判断地对所有假设全盘接纳，那么我们会因一些错误的假设而做出错误的抉择。对隐含假设进行挖掘能够帮助我们将无意识层面的思维提升到意识层面，帮助我们对每一个决策或每一次的行为进行反思。我们能够通过评估隐含假设的合理性对自身的思维进行校正与完善。

（三）对于隐含假设的挖掘能够保证实现客观与理性

在大多数情况下，我们对于自身决策过程中的隐含假设是不自知的，因为我们所依赖的隐含假设受到每个人的心智模式的制约。在前面章节当中，我们已经知道了心智模式是由他人对我们的影响、我们自身的经验以及我们自身的推理能力所决定的。由于自我中心主义的思维误区，人们往往很难跳脱出固有的心智模式对自己的思维进行审查，因而我们总是有意或无意地忽略隐含假设的重要性，甚至默认我们所依赖的所有隐含假设都具备合理性。在此情况下，学习挖掘与评估隐含假设能够帮助我们跳脱出自我中心主义的思维误区。通过挖掘与评估隐含假设帮助我们对自己的思维进行反思与审查、发现其中不合理之处并对其加以校正，从而实现理性与客观，成为一名优秀的批判性思考者。

四、推理的标准

理性就是构建好的论证、讲道理。要想建立一个好的论证，构建有效的推理形式是必不可少的一环。在生活中，无论我们是否能够意识到，推理都出现在每个人的每项决策当中。因此，我们可以说理性的实现很大程度上取决于推理的正确性。那么我们应当如何分辨推理的正确性？我们又应当如何对一个推理做出评价呢？在接下来的内容中，我们将对推理的两大标准进行论述。希望通过对标准的明晰，能够帮助我们更好地对推理进行评价。

（一）相关性

相关性是指在我们构建论证或评估论证时，需要注意论证的前提与论证的结论必须是相关的。相关性说的是一个前提是否有资格作为结论的支撑条件，因此，前提是否相关是基于结论来判断的。当一个前提能够证明结论为真时，我们说该前提与结论具备相关性；反之，则说前提与结论不具备相关性。譬如，当有人在超市里行窃时，有人会说："看他长得那副样子就不像是个好人。"在这段论证里面，结论是窃贼不是一个好人，论点为窃贼长得样子不合论证构建者的眼缘。很明显，在该论证中，前提与结论是不具备相关性的，因为长得好坏与否与其人品好坏并无必然的联系。

在进行相关性评估时，我们需要特别注意，这里的相关性并非是绝对相关而是相对相关。《批判性思维原理及方法：走向新的认知与实践》一书中强调相对于目的与解释而言，相关性的判定是相对的。我们需要根据实际语境、对象、目的来确定。

（二）充分性

在批判性思维的思维八要素当中，我们将推理的类型分为了三种，分别是演绎推理、归纳推理以及类比推理。对于不同类型的推理来说，充分性有着不同的含义。

首先，对于演绎推理来说，推理的充分性意味着演绎推理的有效性。演绎推理的特征是从一般到个别的推理，"所有的人都会死，苏格拉底是人，所以苏格拉底是会死的"是我们在谈及演绎推理时会用到的经典例子。我们可以看出在演绎推理当中，如果前提为真那么结论必然为真。因此，对于演绎推理来说，充分性意味着前提真必然导致结论真。

其次，对于归纳推理来说，归纳推理的充分性意味着结论发生的高概率。"我们班的张某喜欢猫，李某喜欢猫……因此我们班所有同学都喜欢猫"是一个典型的归纳推理。我们可以看出，与演绎推理不同，归纳推理并不必然保证结果为真，它强调的只是一个概率问题。因此，如果在一个归纳推理当中，前提使结论真的可能性高，我们就说该归纳推理是具备充分性的。在学术上我们认为类比推理也属于归纳推理的一种，因此类比推理的充分性判定同样可以依据归纳推理充分性的判断原则。

最后，在演绎推理与归纳推理之外，我们还会遇到其他不同类型的推理，如回溯推理、诱导推理、实践推理等。这些推理的共同特征都是不具备演绎推理的必然性，有学者将这些推理也统称为归纳推理。对于这些推理的充分性判定，董毓认为必须使其达到"最佳"。"最佳"是指在构建推理的过程当中，我们必须使用最合理的论据来支撑我们的结论，力求做到考虑到一切可能性。需要注意的是，当在运用最佳原则构建具备充分性的推理时，我们需要意识到这里的"最佳"是相对的。其最佳的程度会随着推理构建背景的不同而变化。

五、推理谬误

我们知道了判断合格推理的两大标准为相关性与充分性。在生活中，我们中的有些人由于对推理标准不太熟悉，往往会在构建论证或形成推理的过程中踏入思维误区；而有一些人会利用我们对于推理标准的生疏，故意设置思维上的圈套帮助其进行诡辩或诱导我们犯下错误。无论是思维上的误区还是圈套，我们在这里将其统称为推理谬误。接下来，让我们一起看看生活中经常会出现在我们身边的推理谬误，并对它们的运作方法一探究竟。这里只对一些经常出现以及具备代表性的谬误进行说明与讲解，它们分别是诉诸人身的谬误（the ad hominem fallacy）、稻草人谬误（straw man fallacy）以及虚假的两难境地（false dilemma）。

（一）推理谬误之一：诉诸人身

诉诸人身的谬误是指把提出某断言的主体的特征与该断言本身的正确性相混淆。我们在这里将"断言"做广义上的理解，包含信念、观点、立场、论证和建议等。诉诸人身的谬误是我们在生活中最常见也是最容易踏入的思维误区，该推理谬误主要表现为两种形式：因人废言与因人纳言。

1. 因人废言

因人废言型诉诸人身的思维谬误是指将某人的某些不良品质与其论证的真伪性混为一谈，评估某人论证的真伪性时，主要将其不良品质作为评判依据。如"李四是一个十分暴力的人，因此我们不会相信他提出的理财建议"。在这段论述当中，评估者将李四暴力的性格特征作为判断是否采纳其理财建议的依据。我们可以非常容易地看出李四暴力的性格特征与其理财能力并无关系，因此在这段论证中，论证者踏入了因人废言的思维误区。

2. 因人纳言

因人纳言的思维谬误与因人废言的思维谬误正好相反，因人纳言的思维谬误是指将一个人的积极评价直接转移到他的观点上,在评价其观点时只将其积极评价作为参考依据而不去客观地对论证的真伪性进行评价。"情人眼里出西施""爱屋及乌"等俗语都体现了因人纳言的思维误区。在因人纳言的思维误区中,诉诸权威是最为典型的代表。"钟南山都说啦,学医学好找工作!""人民日报登啦,今年急缺金融人才!"相信类似的言论我们都不陌生,这种言论的特点是唯权威是从,仅仅将观点提出者的权威性作为评判论证的依据,无法提供更为充足的论据对论题进行支撑。

我们可以看出,无论是因人废言的思维误区还是因人纳言的思维误区,它们的共同点都是将观点提出者的特质与论证的真伪进行了混淆。从更深层次进行剖析会发现:当我们踏入诉诸人身的思维谬误时,我们提供的论据与论点并不相关,这违反了论证原则的第一条。换言之,当陷入诉诸人身的思维误区时,我们为结论所提供的前提并不具备支撑论点的资格。

(二)推理谬误之二:稻草人谬误

稻草人谬误是指为反驳对方的立场,而歪曲、夸大或曲解其语义,使得被攻击的不是对方真实的立场,而是更容易被批判或拒绝的立场。在生活中,由于自我中心主义的局限性,相比客观、理性地对信息传递者的意图进行分析,我们在接收信息时总是会按照自己的想法去诠释信息,从而使这些信息能够为我们自己的结论提供强有力的支撑。在从自我的角度对信息进行解释时,便是在构建一个虚拟的稻草人。曲解与刻意歪曲信息使该稻草人更容易被攻击、更容易支撑我们理想中的结论。

假如妻子在丈夫加班回家后质问丈夫为何回来得如此晚,丈夫回答:"我需要处理一些工作。"妻子继续责问说:"如果你那么喜爱工作就不要回家了,可以天天去加班。"这时我们便可以说妻子踏入了稻草人谬误的思维误区。妻子与丈夫在进行沟通的过程中,并未能做到客观、理性地理解丈夫所说的话,并且将丈夫所说的话进行了错误的引申与歪曲,将"需要工作"等同于"喜爱工作不爱回家"。

从上面的案例我们可以了解到，稻草人谬误产生的根本原因在于信息接收者未能够准确地、不带个人情感地理解信息传达者所传递的信息。因此，要想避免踏入稻草人谬误的思维误区，我们要时刻谨记宽容原则，即最大限度地站在信息传递者的角度理解信息。

（三）推理谬误之三：虚假的两难境地

虚假的两难境地是指在还有其他选项时却只局限于两种极端的选择，致使自己或他人陷入两难的境地。下面让我们通过一段对话来理解何为虚假的两难境地：

女：婚期马上就要到了，我们是否应该制订一个详细的计划保证婚礼顺利进行？

男：我认为没有必要制订一个事无巨细的计划。

女：喂，如果不制订计划，那婚礼就无法举行，这是你希望的吗？

在这段对话中，女人给男人出了一道选择题：要么是制订一个详细的计划，要么婚礼便无法进行。但是事实果真如此吗？如果缺少了计划，婚礼是否就一定无法进行呢？有可能也会进行，只是会出现杂乱无章的情况；或者即使没有一个详细的计划，婚礼也能够完美如期地进行。在这里需要我们注意的是，虚假的两难境地与之前提到的稻草人谬误可能会同时发生。回到刚刚制订计划的例子，当男人认为制订一个计划不必要时就代表了男人不想让婚礼举行吗？

我们可以看出，如果一个论证者在虚假的两难境地中为我们提供了选项 X 与选项 Y 时，该论证者不仅仅是刻意忽略了选项 X 与选项 Y 之外的可能性，他还将选项 Y 进行了刻意的夸大与歪曲。因此，要想避免陷入虚假的两难境地，我们必须在接收论证者提供的选项时谨慎地检查两个选项的真假并且认真思考是否还存在合理的第三选择。

我们的生活中总是存在着形形色色的推理谬误，通过本节的学习，希望我们能够在日后的生活与工作中准确地识别出这些推理谬误并以此为鉴，不断地对自身的思维与构建的推理进行反思与校正。

附：批判性思维自评表

请用"是"或"否"来回答以下问题：

1．你是否能够对自己长久坚持且最为珍视的信念勇敢地提出质疑？

2．对于那些可能会动摇自己长久坚持且最为珍视的信念问题，你是否会刻意地进行回避？

3．你是否能够包容那些与自己不同的信仰、思想或他人的意见？

4．在面对不同观点时，你是否总是努力查找信息以构建与自己观点相符合的观点而不是另一方观点？

5．你是否能够努力预见并准备应对各种观点所带来的后果？

6．你是否会取笑他人的言论，嘲弄他人的信仰、价值观、意见或观点？

7．你是否能够努力分析自己的决定可能产生的后果？

8．你是否会操纵信息以达到自己的目的？

9．你是否会鼓励同伴不要拒绝他人提出的意见和观点？

10．你是否在行动时无视自己的决定可能导致的消极后果？

11．你是否能够为自己设计周全、系统的解决问题的方法？

12．你是否总是急于尝试解决问题而不首先考虑可行方法？

13．你是否相信在面对一个具有挑战性的问题时，自己能够解决它？

14．你是否在遇到问题时倾向于寻找简易办法或找别人要答案，而不是通过个人努力解决问题？

15．你是否总是抱着了解新事物的目的阅读报告、报纸或书中章节，看国际新闻或纪录片？

16．如果看不到即时效用，你是否就不会努力学习新事物？

17. 你是否愿意真诚地重新考虑自己的某一决定？

18. 当遇到不同观点时，你是否拒绝改变自己的主意？

19. 你是否在做决策之前悉心关注周围事物、场合和背景？

20. 你是否会因环境、场合与背景的不同，决定是否应当重新考虑自己就某一问题的立场？

请如实描述自己的情况，该自评表可以对我们的批判性思维程度做出粗略的评估。当每道奇数题的答案为"是"或每道偶数题的答案为"否"时，都给自己打 5 分。如果总分达到 70 分或以上，则表明您具备积极的批判性思维习性；如果总分为 50 分或更低，则表明您排斥或厌恶批判性思维；如果得分介于 50 分至 70 分之间，则表明您对批判性思维持犹豫或模糊态度。

本 章 小 结

1. 批判性思维是一种理性的、反思性的思考，着重于决定我们相信什么或做什么。

2. 论证是根据一个或几个判断的真实性，通过一系列的推理过程确定另一个判断的真实性的语言交际行为。论证也可被称为逻辑论证。一个完整的论证应当具备三个要素，分别为论题、论据以及论证方式。

3. 批判性阅读是依据批判性思维的精神和原则、策略和技能开展的一种阅读活动。它要求读者在理解文本的基础之上对其真实性、有效性和价值等进行质疑、分析、推理、评判和取舍，从而形成自己的理解与判断。

4. 批判性写作是指在写作的过程当中融入批判性思维，有条理、逻辑清晰地将自己要表述的观点表述出来。

5. 优秀的批判性思考者应当具备的人格品质：理性的，具备质疑精神、求真精神及开放包容。

6. 批判性思维技能与批判性思维态度是批判性思维不可或缺的两个重要部分，它们相辅相成、共同作用，当主体具备批判性态度而不具备批判性技能时，便会陷入纸上谈兵的困境，当主体只具备技能而不具备态度，则容易陷入双重标准的误区。

7. 批判性思考者的特征为自我反思、准确和深入的分析、清晰和具体的思考、求真和认真的态度、谨慎的推论、开放的综合判断六项。

8. 批判性思维的三大特质：批判性思维是一种思维方式；批判性思维具备合理性；批判性思维具备反思性。

9. 理性是根据好的理由产生或辩护一个陈述、观点、提议等的能力和活动，它是与直觉、本能、感受、情感、习惯、信仰不同的精神过程。

10. 理性的三大标准：客观性、全面性与充分性。

11. PMI思考法能够帮助我们实现理性。P（plus）为优点，有利因素；M（minus）为缺点，不利因素；I为（interest）兴趣点。

12. 反思是人类精神生活达到一定阶段的产物，是人类精神自觉的开始，是对已有"思想"的思想、对已有"认识"的认识，是一种超越于自然生命之上的精神活动，是自由思想的真正实践。

13. 反思的维度包含：对于日常的反思、对于自身的反思以及对于外部资讯的反思。

14. 思维的八要素：目的、问题、概念、信息、假设、推理、结论与观点。

15. 问题是思维发展的驱动力量，好的问题应当兼具清晰性与相关性。

16. 问题可以被分为三类，分别是基于事实的问题、基于偏好的问题与基于判断的问题。

17. 解决问题的有效方法：

（1）找到并再次规范表述和评估你的目的和需求。

（2）准确地辨别问题并分析它们。

18．概念是思维形式最基本的组成单位，是构成命题、推理的要素。概念有两个基本的逻辑特征：内涵和外延。

19．模糊性、概念偷换以及抽象概念是与概念相关的三个谬误。

20．辨别信息真伪的基本原则：

（1）追求和检验原始证据。

（2）寻求多方面独立来源来验证证据。

（3）追求公正性。

21．培养求真的品质与训练求真的思维是辨别信息真伪的方式。

第三章 让批判性思考成为习惯——案例研究

本章导读

在党的二十大报告中指出："要以科学的态度对待科学，以真理的精神追求真理，坚持马克思主义基本原理不动摇，坚持党的全面领导不动摇，坚持中国特色社会主义不动摇，紧跟时代步伐，顺应实践发展，以满腔热忱对待一切新生事物，不断拓展认识的广度和深度，敢于说前人没有说过的新话，敢于干前人没有干过的事情，以新的理论指导新的实践。"

以此为目标，理性精神则是新时代认识世界、改造世界的关键工具之一，对于推动社会全面进步和实现中华民族伟大复兴的中国梦具有不可替代的价值。一方面，理性精神要求我们在面对复杂社会现象时，坚持科学发展、民主法治、公平正义和诚信友爱的价值追求，以平和、开放的心态对待个人发展、人际关系和社会事务。另一方面，我们更应以理性精神审视问题，运用科学方法解决问题，以法治思维推动社会治理，以诚信原则维护社会和谐，共同促进社会的持续健康发展。

通过前面章节的学习，我们认识到批判性思维是一种保持质疑，强调理性、独立思考的思维模式。实际上，批判性思维在我们的生活中无处不在，本章节我们一起在案例当中探讨如何保持质疑精神、独立思考、理性分析以及从多元角度审视问题，并通过使用一些思考工具，鼓励读者培养批判性思维和理性思考的能力，以便更全面和深入地理解问题和现象。

第一节　保持质疑，独立思考

一、什么是质疑

"质疑"在不同的语境中可能有着不同的内涵和外延，但总体上它指的是对某个观点、论断、事实或现象提出疑问或怀疑的行为。质疑通常出于对事物真实性、合理性或有效性的考量，目的是更深入地理解、验证或改进。质疑不等同于简单的否定或反对，而是一个积极的、建设性的过程，它要求提出者具备开放的心态和理性的分析能力。

二、什么是独立思考

独立思考是有勇气与群体进行不同的思考。之所以说要有勇气，是因为在社交场合，我们经常被迫同意别人的意见，被迫陷入集体思维，而集体思维是一个常见的批判性思维障碍。这背后的原因是，我们倾向于在群体中寻求归属感和安全感。

当我们与高层或年长的人交谈时尤其如此。人们普遍认为，高级头衔和年长足以让一个人变得无所不知，而不需要理解和/或倾听别人。例如，公司在开会讨论是否进入新市场，老板说他想渗透到印度市场，房间里的每个人都一致点头，然后转到议程上的下一项。每个人都同意老板的说法，首先因为他是老板；其次，人们认为他事先做了研究；最后，看到每个人都点头会让你觉得这是一件显而易见的事情，因此试图反驳这种说法会让你看起来像个傻瓜。

不过，你得愿意挑战老板的观点。你需要有自己的理由，例如，印度市场与国内市场大不相同，典型的策略行不通。所以，在进军印度市场之前，最好先研究一下市场的不同策略。

可能不是每个人都同意你的观点，但你至少可以提出一个可以讨论和考虑的新概念。独立思考需要你在主流思潮中暂停片刻，考虑论点所呈现的信息。然后，在心理上与周围人的观点保持距离，包括对某个问题的常见解决方案。如果你照搬前人的做法，原创的想法就不会出现。你需要寻找以前没有尝试过的解决方案。

案例一：丹麦儿童游乐场的故事

请你先想象一下，游乐场一般是什么样的？有秋千、有滑梯、有蹦床、有跷跷板，无论是什么，肯定都是明确玩法。不知道你想过没有，这样的游乐场真的好玩吗？

1943年，丹麦还在纳粹德国的占领之下。一个叫索伦森（Sorensen）的城市设计师意外地发现，孩子们经常会抛弃前面提到的秋千、跷跷板、滑梯，跑到大街上，或者废弃的楼房和厂房里玩，而且无论碰到什么东西，他们好像都能发明出自己的玩法。

这启发了索伦森设计了一个非常开放的儿童游乐园，这个游乐园里没有任何固定的游乐设施，它更像一个建筑工地，只有沙子、卵石、木材，外加各种工具，剩下都交给孩子们自由发挥。

这个游乐场被命名为"探索游乐场"，相比其他的游乐场，孩子们明显更喜欢来这里玩。更神奇的是，虽然这里总是人满为患，但是孩子们却很少因为争抢而发生争执，就算偶尔出现一些小摩擦，也很快就能在大孩子的协调下顺利解决。

孩子们总是能用那些非常普通的材料和工具，发明出大人们意想不到的玩法，建造出大人们意想不到的"建筑"。这种充满自由和想象力的儿童游乐园，甚至被看作是当时丹麦人在精神上反对纳粹德国的象征。

很快，"探索游乐场"的成功经验就被推广到了全世界，在很多国家都取得了巨大的成功。这种游乐场最大的特点就是开放和自由，它给孩子们调动自己的热情，发挥想象力和创造力提供了最大的空间。

而这些对孩子的早期成长和教育至关重要。现代教育中有太多的规范性：整齐的教室、统一的校服、严格要求的坐姿和课堂礼仪、相同的教学内容，这些规范可能会限制，甚至扼杀孩子可贵的创造力。

传统游乐场就是有权威限制的状态，"探索游乐场"代表了一种完全没有权威的状态。或者说"探索游乐场"是一个质疑权威、突破权威的设计，充满包容性与开放性，这也是批判性思维的一种特质。

案例二：红绿灯的故事

在我们的生活中，红绿灯随处可见，斯科特说，红绿灯代表秩序，是从外部加给十字路口的，代替了实际参与交通的行人和司机的判断。

不知道你有没有想过，红绿灯是不是也浪费了很多资源呢？

比如路上明明没有车，但我还是要等绿灯亮起再过马路，否则就有可能被讽刺成"中国式过马路"，当作不遵守秩序的代表。

红绿灯真的那么有必要吗？

荷兰的一个交通规划师莫德尔曼（Monderman）观察到，当一个城市停电导致红绿灯失灵的时候，交通状况没有变差，反而变得更好了。

2001年，莫德尔曼在荷兰一个叫德拉赫滕的城市做了一个实验，他在市中心最繁忙的路口去掉红绿灯，把它改成转盘，并且去掉分道线、行人和车辆之间的分界，把这里变成了一个行人、自行车、摩托车和汽车混行的区域。

听到这样的规划，你是不是觉得有点疯狂？

莫德尔曼的这个计划跟我们心目中的"交通规划"这几个字完全是背道而驰啊。

那这个实验结果如何呢？效果极佳！

这个路口的交通居然变得更加通畅了，在车流量增加的情况下，交通事故数量还大大减少了。这个经验之后在荷兰、西班牙、英国、丹麦、瑞典等国家广泛实验，结果都取得了很好的效果，甚至还引发了一场"取消红绿灯"的热潮。

为什么会出现这种跟我们的直觉完全相反的效果呢？

这是因为每个参与交通的人都有自主性，都能够根据实际情况做出自己的判断，而这些个体的判断比信号灯、分道线、减速带这些东西，更适合时刻变化的具体情况。

在某种意义上，正是因为没有了信号灯和各种标志，给人带来的不安全感，让人们更加小心，反而提高了路口的安全性。莫德尔曼认为，当司机因为没有了红绿灯和各种标志的干扰，专注地开车时，就会更加谨慎，并根据实际情况做出最好的判断。

相反，如果规则太多、标志太多，司机就有可能会过于依赖这些规则，从而掉以轻心、放弃思考；甚至还有可能因为规则太多而感到压抑，倾向于去钻规则的空子，比如在两个测速摄像头之间超速，从而体会一下违反规则带来的"快感"。而取消这些外在的权威和限制之后，带来的结果很像在一个拥挤的溜冰场上发生的情况。

虽然人很多，但是每个人都可以根据其他人的滑行速度和轨迹，随时调整自己的滑行，结果就是虽然有点拥挤但非常有序，而这是任何预先的设计都不可能实现的效果。

我们身处在复杂的经济和社会系统中，很多因素都是不可能提前预知的，我们要相信个人的独立思考能力，尝试质疑、突破固有的规则，依靠自身的独立思考，往往可以达到意想不到的结果或收获。

第二节　理性思考，多元观点

理性思考：批判性思维是理性的、反思性的思维，既是思维技能，也是思维倾向。能够理性思考的人通常在遇到矛盾困难时，可以避免依靠单一的感觉、经验做出冲动反应，在全面思考的基础上，探索问题的底层原因和可能的解决方案，做出更加理性科学的判断。

多元观点： 我们越是知道更多的眼睛、不同的眼睛是如何打量同一个问题的，对这个问题，我们的概念以及我们的客观性就越会完整得多。

——尼采（Nietzsche）《道德的谱系》

个人的思维往往具有局限性，我们会习惯于以一种角度看问题，很难注意到自己观点中的偏差与成见，保持认知谦逊，不把自己的一切信念、误解、错觉都当作显而易见的事实，勇于承认思维中的瑕疵，向外获取更多观点，打开思路，打开视野，才会有更完整更客观的认识。

案例一：ChatGPT 的争议

什么是 ChatGPT？

ChatGPT 是 OpenAI 公司研发的聊天机器人程序，于 2022 年 11 月 30 日发布。ChatGPT 是人工智能技术驱动的自然语言处理工具，它能够基于在预训练阶段所见的模式和统计规律来生成回答，还能根据聊天的上下文进行互动，真正像人类一样来聊天交流，甚至能完成撰写邮件、视频脚本、文案、翻译、代码、论文等任务。

ChatGPT 的飞速发展

2022 年 11 月底，人工智能对话聊天机器人 ChatGPT 推出，迅速在社交媒体上走红，短短 5 天，注册用户数就超过 100 万。2023 年 1 月底，ChatGPT 用户已突破 1 亿，成为史上增长最快的消费者应用。

其在短时间内引爆全球的原因在于，在网友们晒出的截图中，ChatGPT 不仅能流畅地与用户对话，还能用来开发聊天机器人，也可以编写和调试计算机程序，还可以进行文学、媒体相关领域的创作，包括创作音乐、电视剧、童话故事、诗歌和歌词等。

ChatGPT 还采用了注重道德水平的训练方式，按照预先设计的道德准则，对不怀好意的提问和请求"说不"。一旦发现用户给出的文字提示里面含有恶意，包括但不限于暴力、歧视、犯罪等意图，都会拒绝提供有效答案。

2023 年 5 月 18 日，OpenAI 官网宣布推出 iOS 版 ChatGPT 应用，该应用可免费使用，并在不同设备间同步用户的历史记录。该应用还集成了 OpenAI 开源语音识别系统 Whisper，支持语音输入。在上架不到 12 小时后，ChatGPT 应用冲到了 App Store 美国免费 App 排行第二的位置。2023 年 5 月 25 日，ChatGPT 的 App 已在阿尔巴尼亚、克罗地亚、法国、德国、爱尔兰、牙买加、韩国、新西兰、尼加拉瓜、尼日利亚和英国等国家和地区的 App Store 上线。

议题：ChatGPT 与大学学习

对于大学生来说，ChatGPT 的好处一目了然，它可以模拟以往一对一的教育方式，学生对 ChatGPT 提问，ChatGPT 可以给出明确的答案而不是一堆资料，可以实现学生与 ChatGPT 的多轮交互，来搞清楚一个问题。这样一个多轮对话的过程，实际上就是在模拟学生与老师的交流和探讨的过程。

OpenAI 的首席执行官萨姆·奥尔特曼（Sam Altman）接受采访时说道："我们口袋里都可以有一个为我们定制的，令人难以置信的教育家，帮助我们学习。学生将能够拥有一位超越课堂的老师，最让我兴奋的一点是，它能够为每个学生提供非常棒的个性化学习。"萨姆·奥尔特曼还说："教育将不得不改变，但随着技术的发展，这种情况已经发生过很多次了。"

深度思考

不能否认的是，ChatGPT 在改变着传统的大学教育模式。但到这里我们不能盲目地去给予 ChatGPT 百分之百的认可，我们需要去收集更多信息，进行更多元、更理性的思考，再去判断 ChatGPT 对于大学教育的利弊。

在经过多种渠道收集信息之后，我们发现 ChatGPT 对于大学教育依然存在众多的不良冲击，主要体现在学术诚信与信息误差方面。

ChatGPT 的争议 1：滋生学术欺诈和剽窃行为

一项调查显示，截至 2023 年 1 月，美国 89%的大学生使用 ChatGPT 做作业。

第三章 让批判性思考成为习惯——案例研究

在美国，纽约市教育部在 2023 年 1 月宣布，禁止学生在其学校设备和网络上使用 ChatGPT，以预防学生作弊。一位发言人表示，教育部以"对学生学习的负面影响，以及对内容安全性和准确性的担忧"为由，禁止了该技术的使用。此外，据《纽约时报》报道，包括乔治·华盛顿大学在内的多所高校的教授们正在逐步淘汰带回家的开放式作业，因为这种作业更易受到 ChatGPT 的影响。作为替代，他们更多选择课堂作业、手写论文、小组作业和口试等方法。

2023 年 1 月，巴黎政治学院成为欧洲首个对 ChatGPT 实行"全面封禁"的学校。该校已向所有学生和教师发送电子邮件，要求禁止使用 ChatGPT 等一切基于 AI 的工具，旨在防止学术欺诈和剽窃。在此之后，英国、德国等地多所高校也出台相应政策。

德国图宾根大学在一封内部邮件中宣布，由于担心 ChatGPT 软件的使用变得不可控制，学校决定严格限制这款人工智能软件的使用。由 ChatGPT 生成的文本不得用于学习和考试。

ChatGPT 的争议 2：准确率低下

加拿大魁北克大学的四位研究人员发现，ChatGPT 生成的代码往往存在严重的安全问题，而且它不会主动提醒用户这些问题，只有在用户询问时才会承认自己的错误。

2023 年 5 月 16 日，加拿大科学家在杂志上刊登新论文称，最新版本的 ChatGPT 通过了美国放射学委员会的考试，突出了大型语言模型的潜力，但它也给出了一些错误答案，表明人们仍需对其提供的答案进行核查。

结论

在众多信息当中，我们更加全面地去了解了 ChatGPT 对于大学学习的冲击，认识到人工智能系统的出现为大学生的学习与生活既带来便利，也带来挑战。在此基础上，众多教育者与学生也得出自己对于 ChatGPT 的观点。有教育机构调查了 100 多名教育工作者和 1000 多名 18 岁以上的学生。

结果显示，超过三分之一（34%）的教育工作者认为，学校和大学应该禁止使用 ChatGPT。超过一半（53%）的学生承认曾用它写论文。出乎意料的是，在是否禁用 ChatGPT 这一问题上，学生们的观点却相对一致：72%的大学生认为应该在学校网络中禁用 ChatGPT。

案例二：孔乙己的长衫

当代年轻人为何与孔乙己共情？

孔乙己是鲁迅笔下人物，穷困潦倒还穿着象征读书人的长衫，迂腐、麻木。2023 年，孔乙己的长衫成了热门话题，大学生自我调侃是"当代孔乙己"，学历成为思想负担，找工作时高不成低不就；也有观点认为，学历和脱不下的"长衫"绝不能画等号。

事件发展

2023 年，"孔乙己文学"突然席卷各大网络平台，经过抖音、微博等网络平台一段时间的发酵，"孔乙己文学"词条于 2023 年 3 月 6 日晚登上微博热搜，"学历不仅是块敲门砖也是我下不来的高台，更是孔乙己脱不下的长衫"一句话引起了广大网友共情。3 月 16 日央视点评"孔乙己文学"，再次将这波讨论推上高潮。

与"孔乙己文学"相关的话术表达在网上引起许多年轻网友模仿，例如，"都说学历是敲门砖，但慢慢我发现它也是我下不来的高台，更是孔乙己脱下来的长衫""初读不觉书中意，再读已是书中人""如果没有读过书，我一定心甘情愿地去工厂里拧螺丝，可是没有如果"……

"孔乙己文学"相关话题也在各大新媒体社交平台上引起热烈讨论，频繁登上热搜，甚至有很多网友感叹自己成了"现代版孔乙己"。正值当时许多大学毕业生表示面临就业困境，这一话题结合就业压力和关于成功的标准再次受到热议。

话题引导着人们思考一个问题：读书到底有什么用？很多网友表示读书上大学仿佛成了命运的枷锁，如果找不到高薪且体面的工作，这个枷锁就会变成"命运的诅咒"。

多元观点

网络媒体："孔乙己文学"背后反映的是年轻人面对学历贬值、专业知识与社会脱节等问题的焦虑、不安与倦怠。

教育成本的投入使得人们产生较高的心理预期，毕业生数量逐年增长与就业岗位缩减之间的矛盾使得就业市场供求关系失衡，造成高学历劳动力与岗位资源无法适配的情况。作为个体，能做的就是调整自己的心态，提升自己，积极努力做出适应时代的转变；保持开放包容的心态，将职业规划的核心回归到自己真正感兴趣和适合的方向上。

央视网：不能盲目将"孔乙己的长衫"与现代青年的学历画等号。

获得学历者只能表明个体在某一阶段完成某项能力测试，和身份并无明显关联。学历的价值，只有在创造性的实践活动中，充分发掘自身潜力的情况下才能得以体现。读书获取学历，可以丰富我们的灵魂，提升我们的能力，扩充我们的格局，看到更广阔的世界，而不是把人分为三六九等，给自己设置条条框框，让学历成为束缚手脚的"长衫"。

新周刊：众多处于人生中尴尬时期的年轻人对于"孔乙己"形象一知半解从而造成误读。

"万般皆下品，唯有读书高""学而优则仕""人上人"观念的长期浸染，让东亚社会的人们对"读书"一事过度神化。似乎只要把书读好，就可以过好这一生。然而，"长衫"并不意味着桎梏，学历和知识应成为开阔眼界的钥匙。其次，精神上的内耗也无法靠脱下长衫来解决。长衫不应该被脱下，该脱下的是对既定人生轨道的幻想和自我束缚。

学生见解

学生一：年轻人为何与孔乙己共情？

最近三年，我国高校毕业生规模持续攀升。同时，由于经济下行，就业情况受到冲击，找一份专业匹配且待遇尚可的工作变得越来越难。即使找到工作，也要为收入下降等不确定性因素焦虑。在一些人看来，学历没有兑现利好，而是成了身上难以脱下的"孔乙己长衫"。自己受过高等教育，曾经意气风发，步入社会后发现如此"内卷"，巨大的反差，让一些年轻人情绪消沉。这种不上不下的"悬浮"状态，让他们感觉自己像极了鲁迅笔下的"孔乙己"。

学生二：学历不是"脱不下来的长衫"

读了大学，却找不到心仪工作而困顿和苦闷。然而，孔乙己之所以陷入生活的困境不是因为读过书，而是放不下读书人的架子，不愿意靠劳动改变自身的处境，长衫是衣服，更是心头枷锁。学历的价值，只有在创造性地在实践活动中充分发掘自身潜力的情况下，才能得以体现。一时的困难不等于一生的失败。孔乙己的时代一去不复返了，当代有志青年绝不会被困在长衫中。

学生三：正确看待学历"束缚"与"作用"

我们从小就开始接受教育，一心想要获得高学历，找到好的工作，如果没能做到有所成就，就会被认为十几年的学是白上了。但是，我们之前都没有意识到，生活原本就充满了各种挫折，在这个社会上最重要的事情，就是能够让自己生存下去。因此，我们必须正确看待学历"束缚"，读书不是让我们滋生出更多的傲慢，而是帮助我们正确看待每个人的不同，也承认自己的普通，接受自己的平凡，拒绝焦虑和内耗。接受高等教育的目的是让我们明事理，知荣辱，成为一个会独立思考的人。

第三节　思维八要素案例

批判性思考者要学会监控自己的思维，分析自己思维的各个要素，将思维的要素当成身体的各个部分，当身体某个部分出了问题，你能立即发现自己不健康了。因此，当我们意识到自己的思维出现问题时，就需要对思维的八个要素进行反思。

思维要素是这样运作的，当我们进行思考的时候会进行以下几个步骤：

（1）做这件事情的目的是什么？

（2）要达到这个目的，现实中会遇到什么样的问题？

（3）要解决这些问题，需要用哪些概念（理论、定义、规则、原理、模式）来分析这些信息？

（4）需要收集哪些信息（数据、事实和经验）？

（5）思考过程基于哪种假设？

（6）基于什么样的推理和解释？

（7）能得出什么样的结论（意义和结果）？

（8）在这个主题中，我持有怎样的观点？

案例一：老龄化社会的含义

在思维八要素当中，概念是极易出现问题的环节，我们经常发现，在思考过程中，如果对概念不清晰，那么我们就无法顺利地思考与沟通。

中国在 2000 年已经进入老龄化社会。到目前为止，中国 60 岁及以上的老年人口已经超过了 2.67 亿。预计到 2030 年将超过 3 亿，占比超过 20%，进入超级老龄化社会。峰值预计出现在 2060 年左右，届时 60 岁及以上人口占比将达到约 37.4%，并在 2080 年及之后进一步上升到 46%。

这里面有一个需要提前明确的概念：老龄化社会。如果我们不能明确老龄化社会的概念，就无法判断后面的叙述是否正确合理。

通过查询，我们找到了老龄化社会的含义：根据联合国的定义，在一个地区内，60 岁以上的人口超过人口比例的 10%，或者 65 岁以上的人口占人群比例的 7% 以上，这个地区即被认定为老龄化社会。根据最新数据，中国 65 岁以上的老年人口占总人口的 15.4%，已经正式进入老龄社会。

明确老龄化社会的概念之后，我们才可以更加顺利地进行有关老龄化问题的进一步讨论。

在我们的生活中，充斥着无数的概念，其实很多人并不是很明白到底是什么意思。优秀的思考者的共同特征是他们明白他们使用的概念的确切的内涵和外延。这里简单对内涵和外延做一个解释。比如，我们人类这个概念，内涵是"有理性的动物"，外延就是所有的人类；内涵是指一个概念特有属性的总和。通常可以理解为词典里的定义，外延是指一个概念所能概括的范围。比如金融的内涵是资金的融通，外延是银行、证券、保险、期货等。概念不明确是思维的一个重大缺陷，这种缺陷往往造成我们在思考方面的更大漏洞。

案例二：在美国支持禁枪的理由

在美国，人们对于是否持枪一直存在着冲突。有一个结论是，支持禁枪的理由大多是臆造出来的，现在我们需要的根本不是更多的法案，而是更大的执行力度。

支持禁枪有个臆造的理由是：很多杀人犯都是普普通通的守法良民，不过出于一时冲动杀了自己的亲人或朋友，因为枪就在手边，所以，我们支持禁枪。

事实上，针对杀人犯的每一项研究都显示，杀人犯当中绝大多数人都是惯犯，这些人一生恶行累累、犯案不断。一个典型的杀人犯在犯下谋杀罪行之前平均至少有六年的犯罪史，其中四次是重罪被捕。

另一个臆造的理由是枪支持有者都是些目不识丁的人，动不动就喜欢好勇斗狠，所以我们支持禁枪。

但是，研究显示：平均而言，枪支持有者比没有枪支的人受过更高的教育，从事更有声望的工作。根据他们填写的持枪申请表来看，以下这些人都是（或曾经是）枪支持有者：第32任美国总统富兰克林·罗斯福（Franklin Roosevelt）的夫人埃莉诺·罗斯福（Eleanor Roosevelt）、著名影星琼·里弗斯（Joan Rivers）、第45任美国总统唐纳德·特朗普（Donald Trump）和银行家大卫·洛克菲勒（David Rockefeller）。

因此，就算枪支管制法案真有可能减少涉枪的犯罪行为，那么将现行法律真正——付诸实施也就足够管用了。既然法庭不止一次地证明这些法律根本不会得到执行，就算制定再严的法律又有什么用呢？

针对此文，我们可以有多方面的分析：

只要提几个适当的问题，你就会发现上文作者的论述存在很多不足。比如，你可能对下面几点非常关注。

（1）作者提到的"绝大多数人"或"典型的杀人犯"是个什么概念？是否意味着剩下来的那"少数人"当中仍然有相当数量的杀人犯出于一时冲动而枪杀了别人？

（2）"枪支持有者"是什么意思？有没有一个共识的概念。

（3）文中引用的几个研究到底有多大说服力？作者提供的研究样本是不是很充分，是不是随机抽取的，是不是涵盖了不同人群？

（4）有没有什么枪支管制的潜在好处文中没有提及？有没有和作者观点相左的重要研究成果作者略过不提？

（5）每年有多少人死于枪支之下，而实行枪支管制的话这些人可能根本就不会枉死？

对于以上问题，我们首先找出这段话的结论和理由。

结论就是文章的第一句话：支持禁枪的理由大多是臆造出来的，现在我们需要的根本不是更多的法案而是更大的执行力度。

之后分别举出了两个臆造理由的例子，最后则是支持加大执行法案的力度。

不过在我们进行思维要素的反思之后，发现文章的思维逻辑方面还有很多缺陷，也没有发现这些隐藏的、被忽视的、有歧义的词语，以及证据的效力等。

因此，我们在面对事件、观点时，应该保持持续地思考，以思维要素为基础进行反思，发现思维的缺陷和漏洞，从而做出理性的判断。

第四节　PMI 思考法案例

PMI 思考法是帮助我们有效思考的工具，在面对一些问题的时候不妨从 PMI 思考法的三个角度进行分析：有利因素、不利因素、感兴趣的事。

案例一：灵活的上班制度

一家公司希望推出一项新的规章制度——员工每周都可以任选五天上班。面对这个制度你怎么看？

P（有利因素）：你也许会觉得这样很好，员工可以自由安排工作时间，有事情的时候不用请假，提高积极性。

M（不利因素）：也许会觉得这样也有很多局限，比如与工作伙伴的时间也许不能同步，项目协同有困难。

I（感兴趣的事）：抛开这些判断，这项制度本身带来的每周都会有不一样的工作时间体验，以及计划如何让工作与生活实现最佳平衡的过程，都是很有趣的地方。并可能因此诞生一些新的弹性协同工作系统之类的创新软件。

PMI 可以避免我们仅仅凭借情绪和直觉做出判断，可以让我们接近更有价值的判断，不会错过第一眼看上去不好，但实际很有价值的判断。

案例二：纸巾的消耗

公司公共洗手间的纸巾损耗非常快，经调查，是因为有个别人员将公共使用的纸巾私自带走。于是，就有人提出建议：放纸巾的地方安装监控器，谁拿处罚谁。

你对这个建议是什么态度呢？

对于这个事件，我们依然可以用 PMI 思考法进行分析。

P（有利因素）：

- 能够起到震慑和警示的作用，减少纸巾被私自带走的情况。

M（不利因素）：
- 给员工不舒服、不信任的感觉。
- 也需要后面查询监控才能找到责任人员，执行起来并不方便。

I（感兴趣的事）：
- 是否可以增加一个设备，扫码后可自动定量出纸巾。
- 纸巾装在有更多人的地方（比如办公室），让人们的行为被监督。

PMI 思维方法总结起来其实很简单，就是教我们如何全面地思考问题。当然，这些分析也是要基于我们的经验和认知。必须再次强调的是，PMI 只是一个辅助分析工具，对它的使用应建立在理性精神的基础之上。

第五节　SWOT 分析法案例

SWOT 四个英文字母分别代表优势（strength）、劣势（weakness）、机会（opportunity）和威胁（threats）。优势和劣势是内在要素，机会与威胁则是外在要素。SWOT 分析实际上就是将分析对象内外部条件进行综合和概括，将主要优势、劣势、机会和威胁等要素通过调查列举出来，并依照矩阵形式排列，然后动用系统分析的思想，把各种因素相互匹配起来加以分析，从中得出一系列相应的结论。

运用这种方法，有利于人们对分析对象所处情境进行全面、系统、准确的研究，有助于管理者和决策者制定较正确的发展战略以及与之相应的发展计划或对策。

案例一：星巴克 SWOT 分析

星巴克 1971 年诞生于美国西雅图，现在是全球最大的连锁咖啡店，在全球范围内超过 75 个国家拥有分店。是全球最知名的品牌之一。下面我们用星巴克来进行一次 SWOT 分析。当然，我们不可能像管理层那样全面地掌握信息并做出精准的分析，这里只是对这套分析方法的使用规则进行练习。

优势 S

品牌优势。星巴克是目前全球最成功的品牌之一，其优质的咖啡，高级的品牌塑造，包括品牌可视化，氛围营造，文化培育等都极其成功。并且，整个集团能够持续地、统一地在全球范围内贯彻其品牌战略，这也是极其重要的一点。

客户评价度高。星巴克用户对于其服务的评价很高，客户喜欢在星巴克的感觉，喜欢在这里会面，在店内办么，或是单纯享受一杯咖啡。

全球范围内覆盖。客户可以在不同的国家和地区找到星巴克。这些遍布全球的店面能持续强化其优势。

拥有一流的供应链管理。星巴克始终倡导保证每一杯咖啡的质量到客户手上都是完美的。并且坚持其烘焙出来的咖啡和其他咖啡店的口味是不同的。

劣势 W

产品并没有根据不同国家和地区做一些本土化和定制化工作，而本土的咖啡店则能更好地融合本地的口味和文化。

在很多地区，星巴克价格并没有那么容易被接受。

员工的流动率比较高，很难留住人才。

机会 O

非常容易打进新的国家和市场。星巴克有极其成熟的、现成的商业模式，可以很快复制到任何一个地区。这些新兴的市场为星巴克带来巨大的资源。

星巴克和娱乐业有着非常广泛的合作，例如我们经常看到电影里大家手捧一杯星巴克咖啡的场景，慢慢将品牌深入人心。

威胁 T

星巴克门店在很多国家已经饱和了，例如美国。

越来越多的人提倡健康生活，远离茶和咖啡。

竞争品牌越来越多。

需要注意的是，我们使用 SWOT 分析法分析的深度，取决于我们能够获取到的信息的准确度、深度和全面性。因此，在进行分析之前，需要先下功夫收集相关的数据。

案例二：沃尔玛 SWOT 分析

沃尔玛是一家美国的世界性连锁企业，是全球最大的零售商之一，多年来一直在《财富》杂志的世界 500 强企业中排名靠前。沃尔玛不仅在美国有门店，还在包括墨西哥、加拿大、英国、中国等在内的多个国家和地区运营。

优势 S

沃尔玛是著名的零售业品牌，它以物美价廉、货物繁多和一站式购物而闻名。

沃尔玛的销售额在近年内有明显增长，并且在全球化的范围内进行扩张（例如，它收购了英国的零售商 ASDA）。

沃尔玛的一个核心竞争力是由先进的信息技术所支持的国际化物流系统。例如，在该系统支持下，可以清晰地看到每一件商品在全国范围内的每一间卖场的运输、销售、储存等物流信息。信息技术同时也加强了沃尔玛高效的采购过程。

沃尔玛的一个焦点战略是人力资源的开发和管理。优秀的人才是沃尔玛在商业上成功的关键因素，为此沃尔玛投入时间和金钱对优秀员工进行培训并建立忠诚度。

劣势 W

沃尔玛尽管在信息技术上拥有优势，但因为其巨大的业务拓展，可能导致对某些领域的控制力不够强。因为沃尔玛的商品涵盖了服装、食品等多个部门，可能在适应性上比起更加专注于某一领域的竞争对手存在劣势。

该公司是全球化的，但是目前只开拓了少数几个国家的市场。

机会 O

采取收购、合并或者战略联盟的方式与其他国际零售商合作，专注于欧洲或者大中华区等特定市场。

沃尔玛可以通过新的商场地点和商场形式来获得市场开发的机会。更接近消费者的商场和建立在购物中心内部的商店可以使过去仅仅是大型超市的经营方式变得多样化。

沃尔玛的机会在于对现有大型超市战略的坚持。

威胁 T

沃尔玛在零售业的领头羊地位使其成为所有竞争对手超越的对象。

沃尔玛的全球化战略使其可能在一些国家遇到文化差异方面的问题。

多种消费品的成本趋向下降，原因是制造成本降低。造成制造成本降低的主要原因是生产外包转向了低成本地区。这导致了价格竞争，并在一些领域内造成了通货紧缩。

恶性价格竞争是一个威胁。

案例三：大学生个人职业生涯分析

SWOT 分析法对自我分析同样具有指导意义，能在学习、工作和生活中做出自己发展的最佳方向，更加客观地进行自我认知，这种方法能够让个体进行更为科学的决策。以下我们以大学生个人职业生涯为主题做一个简要的分析。

背景资料

王某，某大学新闻传媒学院，新媒体传播专业。

优势 S

开朗乐观，志向高远，生活态度积极，诚实稳重，为人正直，待人诚恳，喜欢与人交往，有强烈的责任心，有较强的环境适应能力以及优秀的组织能力，思考问题细致、全面。

学习认真踏实，具备一定的文学素养，喜欢思考问题，分析能力突出，有寻根究底的兴趣，富有逻辑性和条理性，书面表达能力较好。

总体来看，勇于创新、敢于尝试，喜欢接触新鲜事物。

劣势 W

就业经验不足，接触的知识范围过窄，主要集中在专业领域，对其他领域缺少认知。

思维比较程式化，不够灵活和变通，很难进行创新。

语言表达能力不强，不善于在公众场合演讲，有时候口语表达过于烦琐。

自视过高，我行我素，有时候比较固执，不喜欢采纳别人的意见。

有时候想问题、做事情过于瞻前顾后，优柔寡断。

英语和计算机水平较弱。

机会 O

当今社会是一个信息爆炸的时代，媒体在社会中的作用更显重要。

所学专业是国内新兴学科，涉及面广，理论性和实践操作性兼备，发展空间很大，既有影视媒体又有网络媒体，紧跟现代传播技术的发展，从信息角度把握传播的发展趋势，既有深度又有广度，社会对这方面人才需求量大，专业发展前景光明。

学校提供了良好的学习环境和很好的软硬件条件，在老师的指导下有机会参与一些科研实践项目，学以致用，积累更多的实践经验。

有很多机会与行业高层人士接触、交流、学习，提高自身素质，可以有考博或就业双重选择。

周围有很多优秀的同学，为自己的学习和课题研究提供了丰富的可利用资源，并且有构建良好人际关系的条件。

威胁 T

目前我国就业形势严峻，各用人单位对人才素质提出了更高的要求，越来越多的用人单位更加看重工作经验。

本科生数量庞大，优秀人才很多，机会却不均等，这时就不单是知识的比拼，更是对个人发现机会、展示自己并把握机会能力的考验。

思考结论：

王某运用 SWOT 法进行个人分析以后，对自身有了比较清醒的认识，进一步明确了未来发展的方向。计划在大学期间，利用较强的学习能力，认真学习传播学专业知识和广告学知识，不断提高英语水平和计算机能力，拓展知识面以培养宽阔的视野和创新能力，同时利用课余时间参加社会实践锻炼，以积累工作经验。毕业后将从事与专业相关的职业，如传媒业、广告业等。

运用 SWOT 分析法进行个人分析是非常有帮助的，个体在使用 SWOT 分析时，应该确保所分析成分的准确性和新颖性。由于个体发展层次与水平各异，专业各不相同，加上形势、政策的变化，我们进行 SWOT 分析时就必须根据情况的变化，具体问题具体分析，调整和完善方案。

SWOT 分析只是一项实用技术，要想使个人分析和未来发展规划实现最优化，仅凭 SWOT 分析远远不够，还要考虑到各种方法的综合运用，要充分考虑变化着的个体因素和外部因素，只有这样才能实现个人分析的客观化和科学化，从而对我们的学习、工作和生活产生积极的指导作用。

本 章 小 结

1. 所谓"质疑"，就是心有所疑，提出问题，以求解答。

2. 批判性思维是理性的、反思性的思维，既是思维技能，也是思维倾向。

3. 思维八要素运作步骤：

（1）做这件事情的目的是什么？

（2）要达到这个目的，现实中会遇到什么样的问题？

（3）要解决这些问题，需要用哪些概念（理论、定义、规则、原理、模式）来分析这些信息？

（4）需要收集哪些信息（数据、事实和经验）？

（5）思考过程基于哪种假设？

（6）基于什么样的推理和解释？

（7）能得出什么样的结论（意义和结果）？

（8）在这个主题中，我持有怎样的观点？

4．从 PMI 思考法的三个角度进行分析：有利因素、不利因素、感兴趣的事。

5．SWOT 四个英文字母分别代表优势（strength）、劣势（weakness）、机会（opportunity）和威胁（threats）。

优势和劣势是内在要素，机会与威胁则是外在要素。

第四章　走上创新之路

本章导读

在实施科教兴国战略中，必须坚持"创新是第一动力""深入实施创新驱动发展战略，全面增强自主创新能力""坚持创新在我国现代化建设全局中的核心地位"。抓创新就是抓发展，谋创新就是谋未来。教育只有以创新为基点不断发展，才是面向未来的高质量教育。我国全面建设社会主义现代化国家，必然要在总结经验、把握规律的前提下推动经济、政治、文化、社会、生态等各领域的创新发展，创新人才的培养绝不能仅仅依靠知识的积累，而必须超越知识。这就需要创新思维的构建和重塑、创新方法的训练和实践。因此，掌握创新方法，培养创新意识是"实施科教兴国战略，强化现代化人才支撑"的重要步骤。通过前面的学习，我们已经了解了批判性思维所提倡的理性、反思两大思考特质，能够有意识地利用思维八要素剖析自我的思维，从而更全面、更深刻地认识世界、形成独立思考的能力，在此基础上发现创新的可能之处。

对于大学生群体来说，在学习如何认知世界的基础上更需要掌握"改变世界"的创新方法。综合现阶段研究文献，设计思维是培养创新能力、激发创新灵感必不可少的一环。作为一种思维方式，设计思维强调以人为本的设计精神与方法，在创新过程中既要考虑人的需求，也要考虑科技或商业实现的可行性。该思维方式共分为五个步骤，以"人的需求"为中心，通过移情、定义、设想、原型制作以及测试收获创新成果。

第一节 设 计 思 维

设计思维来源于哪里？定义为何？为什么有助于创新？本节将从以上三个方面对设计思维进行全面介绍。

一、设计思维的来源

近年来，设计思维成为国内外备受关注的概念，这一概念来源于斯坦福大学的哈索·普拉特纳设计学院（Hasso Plattner Institute of Design, D.School）。该学院由知名设计咨询公司 IDEO 创始人、斯坦福大学教授大卫·凯利（David Kelley）创办，因接受欧洲最大软件公司 SAP 创始人哈索·普拉特纳（Hasso Plattner）的捐助而得名。

D.School 相比于其他设计学院有三个特别之处：首先，由于地处硅谷，在与众多创新创业案例融合的过程中，D.School 或直接或间接地成就了许多硅谷中的传奇故事。其次，该学院与斯坦福大学商学院关系密切。就像 D.School 的同学会笑称："斯坦福大学商学院的同僚在和其他院校的商学院的人吹牛时会说，你们做的事情我们都会做，而且我们还有 D.School，我们会 Design Thinking。"最后，在 D.School 内有一套通俗易懂的理论根基作为其行为准则，也就是设计思维（design thinking）。任何一位学习者只要知悉了设计思维的流程并加以实践就能掌握创新的要领。

学院设立至今，D.School 的众多设计项目被苹果等世界知名公司收购，所培养的设计人才和工程师被硅谷的科技公司争相招聘，原因就在于 D.School 的创新教学模式强调了设计教育的针对性和实用性，回归到了设计的实践属性。为了使鼠标尽善尽美，大卫·凯利的核心团队设计了上百种原型并进行了全面的测试，最终设计出了第一款苹果鼠标。

二、设计思维的三大特征

对设计思维的研究与实践目前仍处于快速发展中,由此也诞生了多个版本和视角的关于设计思维的定义。

IDEO设计公司总裁蒂姆·布朗(Tim Brown)在《哈佛商业评论》中做出如下定义:"设计思维是以人为本的设计精神与方法,要考虑人的需求、行为,也要考量科技或商业的可行性。"D.School把它归纳成一套科学方法论,共分为五个步骤:移情、定义、设想、原型制作与测试,以"人的需求"为中心,通过团队合作解决问题、实现创新。此外,网络上还存在着其他看待设计思维的视角:是积极改变世界的信念体系;也是一套如何进行创新探索的方法论系统,包含了触发创意的方法。清华大学美术学院副教授付志勇将设计思维定义为一套创新式解决问题的方法学,强调以人为本的理念,通过团队合作解决问题,获得创新方案。

纵观各种视角,人们对设计思维定义的讨论总是离不开以下三个关键词,即以人为本、团队合作、思维与方法,这也足以体现设计思维的核心特点,即充分考虑"人的需求、人的体验、人的感受",是一种强调发挥团队力量与智慧的创新思维与创新方法。

(一)以人为本

彼得·F.德鲁克(Peter F. Drucker)曾说过:设计师的工作就是"将需要转变为需求"。如此看来"以人为本"只需要知悉人们想要什么,然后给他们就行了,至于人们的需求是什么只需要采用焦点小组和市场调研等方法获得即可。但事实上,这样的方法只是简单、粗浅地了解人们想要什么,很难激发出打破常规的创新性突破。正如福特汽车公司创始人亨利·福特(Henry Ford)曾提到:"如果我问我的顾客想要什么,他们会说'一匹更快的马'。"

想要真正做到"以人为本",要学会将人放在首位。设计者真正的目标是使用洞察力、观察和换位思考 3 个相互增进的元素，帮助人们明确表达那些甚至连他们自己都不知道的潜在需求。

案例分析：2009 年，民宿经营网站爱彼迎正处在破产的边缘。该公司成立的第一年，团队成员们仅仅坐在电脑屏幕前试图以代码方式解决所有问题，因为他们相信这是在硅谷解决问题的应有方式。然而一段时间后，整个公司的营业收入每周都只是在 200 美元水平上徘徊，增长为零，与亏损状态无异。公司联合创始人兼首席设计师乔·吉比亚（Joe Gebbia）说，爱彼迎发展曲线一直是水平的，大家不得不靠透支信用卡来维持公司的经营。

在研究了一段时间爱彼迎上的房屋后，乔·吉比亚突然意识到："这 40 个房间的介绍都有一个共同点，那就是照片都烂得不行。用户上传的都是用手机拍的照片或是从其他分类网站上扒来的照片。所以人们当然不会在这里预订房间，因为人们根本看不清楚将要花钱住的房间是什么样子。"

在设计思维的帮助下，爱彼迎团队采取了一个完全没有技术含量的建议：亲自去纽约，租一部相机，花一些时间，到现场看看用户放在网站上出租的房间，用漂亮的高分辨率图片替换掉那些业余的照片。这个三人团队立即乘坐最近的一班航班前往纽约，并将所有的业余照片换成了漂亮的图片。一周以后，成效开始显现：新照片使他们的周营业收入翻倍达到 400 美元。这是公司在过去 8 个月中首次实现收入的增长。

2011 年，爱彼迎的业绩令人难以置信地增长了 800%。

2018 年 12 月，世界品牌实验室发布《2018 世界品牌 500 强》榜单，爱彼迎排名第 425。

阅读案例，和你的同伴聊一聊这几个问题：

（1）爱彼迎前后做出了什么样的转变？

（2）案例中，"以人为本"的"人"是谁？与选择住酒店的人群相比，他们有哪些特征？

(3) 如果你在爱彼迎工作，你有什么办法能够了解用户的真实需求？

要想寻找特定人群的真实需求，洞察力是不可缺少的。洞察力是设计思维的关键来源，它来源于设计者切身走进这个世界并对其用心观察。我们可以从身边出发，观察上班族、滑板爱好者或者校园里的食堂阿姨是如何度过他们的一天，观察他们的实际生活经历。利用同理心，通过别人的眼睛来看世界，通过别人的经历与情绪来理解、感知世界，从他人的实际经历中找出宝贵的线索，帮助我们探查出那些未被满足的需求，从而设计出具备创新性的解决方案。

（二）团队合作

无论是在设计思维各个版本的定义中，还是利用设计思维成功获得创新成果的案例中，优秀的团队合作是绝对不可缺少的一环。在 IDEO 公司内部有一个流行的说法："作为一个整体，我们比任何个体都聪明。"团队合作需要团队中的每个人不仅站在自身的角度提出看法与意见，更要积极参与创新的每个环节。

案例分析："一直以来，我所在的行业不断地向各种主题和领域拓展，面对这些新的领域，我的知识非常有限。尽管如此，我还是感觉自己可以贡献观点，或至少可以倾听其他更专业的同事的讲解。职业生涯把我造就成了一名'T 型人才'，虽然当时我并没有意识到这一点：跨专业领域的换位思考能力（即 T 字上的横轴），同时具备一项深度的专业技能（即 T 字上的纵轴）。因此，在 IDEO，我们的设计师不仅拥有工业设计、交互设计、沟通设计或商业设计的专业背景，而且还广泛涉足宏观经济学、认知科学、食品科学、人类学、应用语言学、基因工程等领域。如今，客户经常会找我们解决各种复杂的问题，而这就要求把人们聚集起来共同解决问题，但最重要的是，要懂得聆听，对解决方案持开放态度。"

——IDEO 公司首席创意官保罗·贝内特（Paul Bennett）

在一家汽车制造公司里，每个新车型的设计都有数十位设计师参与。

一座新建筑可能有上百名建筑师参与设计。1984 年 8 月，当马自达公司首席设计师汤姆·马塔诺（Tom Matano）将米亚塔车（Miata）的概念提交给领导层时，是由其他两位设计师、一位产品策划师和两位工程师陪同前往的。当项目接近尾声时，他的团队已经发展到了 30~40 人。

阅读以上两个案例，和你的同伴聊一聊这几个问题：

（1）在保罗·贝内特的描述中，IDEO 公司的团队有什么特点？

（2）身处 10 人以下的团队和身处 30 人以上的团队会有什么不同？在不同的团队环境中，我们作为领导者和参与者分别应该怎么做？

（3）我们在课程学习中组建的团队是"多领域团队"吗？每个人负责的领域是什么？

在团队中进行项目创新时，团队中的个体首先需具备一定的专业技能，以保证为成果做出切实贡献。更重要的是，每位成员都应当具备包容的心态及跨领域合作的意向。当有才干、乐观、有合作精神的思考者聚集在一起组成团队时，每个成员都是自己技术特长的倡导者，每位成员的想法为集体所共有，创新成果也由每位成员共同努力而得来。

（三）思维与方法

纵观各个视角下对于设计思维的定义不难发现，一部分定义将设计思维解释为一种思维形式，为人们认识世界与分析世界提供信念体系，另一部分则将设计思维定义为一种方法论，即一套具有操作性的创新工具。

设计思维为我们带来了一套具有操作性的创新方法论，通过设计思维五步法、加减乘除创新策略等一系列工具，让我们可以按照指定的流程完成具有一定创新程度的创新成果。但是我们也需要明白，百分之百的创新方法论并不存在，没有任何一种创新方法可以保证高质量创新结果的必然产生，一味强调方法论并不能掌握创新的核心。

我们所说的方法论是知识与技能层面的东西，对于设计师来说这是一些设计的战术和技法，但设计思维的真正核心是在意识层面的，这是设计思维在战略层面的思考,设计思维的成功运用需要战术与战略的叠加,所以不能简单地把设计思维归结为方法论或者设计流程。

因此相较于创新方法论,我们更倾向于认为设计思维是一种不同于以往的思维形式,它更强调站在使用者的角度换位思考、洞察潜在的需求,并且在创新过程中强调多领域人士的团队合作。作为一种思维方式,设计思维被普遍认为是一种具有综合处理多种能力的思维方式,它能够帮助我们理解问题产生的背景,能够催生洞察力及解决方法,并能够理性地分析从而找出最合适的解决方案。无论是否使用相关"战术"解决问题,设计思维都应成为我们认识世界的方式。

大学作为连通校园与社会的桥梁,学生应在大学中为了成为"现代人""国际人"而做准备,除了需要储备专业知识与技能之外,更需要将自己的思维尽量锻炼到相对成熟的状态。作为方法论,设计思维的流程可能无法帮助仍处于大学校园中的我们在短时间直接获得足以改变世界的创新成果,但作为一种充满人文关怀的思维模式,它能够帮助我们打开认识世界的窗口、拓宽看待问题的视野并摆脱自我中心主义。我们应站在同一问题中其他利益相关者的角度审视问题,继而体察他人面临的需求与困境,用自己的力量对身边存在的问题做出改变。积少成多、聚沙成塔,改变世界的创新也许就来源于日积月累的观察与行动。

三、设计思维为什么有助于实现创新

案例分析:在回答"设计思维为什么有助于实现创新"这个问题之前,不妨先来看看下面这几个问题,你能从中找出最与众不同的哪一个吗?

(1) 1+1 等于多少?

(2) x 等于多少时,方程 $2x-(3x-4)=2+(1-2x)$ 可以成立?

(3) 如何给校园里的流浪猫创造更好的生活体验?

(4) 西安市雁塔区的总面积是多少平方公里?

在上述 4 个问题中，问题（3）是最与众不同的，原因就在于其他 3 个问题都有唯一正确的答案并且这个答案在很长时间内不会改变，是受到认可的。而问题（3）的答案可能会多种多样，随着校园所处的位置以及季节变换等因素不断变化，并且问题内还包含流浪猫、学生、教师、后勤等多个群体，每个群体站在自身的利益角度给出的答案可能会完全不同，想要出现一个被所有群体认可的答案，难度是很大的。

在我们走出校园，步入社会之后就会发现，我们遇到像问题（1）、问题（2）、问题（4）这样有唯一确定答案的问题会越来越少，而像问题（3）这样"棘手"又"困难"的问题会越来越多，这样的问题称为"抗解问题"。学习设计思维的主要任务，就是学习如何分析并尝试解决这些抗解问题，创新往往就出现在各个抗解问题的解决方案中。

抗解问题翻译自英语 wicked problem，它用来指代一类难以被程式化的社会系统问题。抗解问题往往是无法用简单方法解决的非常复杂的问题。其中关于问题的信息是不完整、相互矛盾、不断变化且往往难以定义的，存在着利益相互冲突的多方决策者，并且解决问题的结果在整个系统中的影响是难以琢磨的。因为复杂问题的相互依赖性，试图解决抗解问题的行动或方法也有可能会造成其他问题的产生。

（一）抗解问题中一定涉及多个利益相关者

在分析抗解问题时，必须要意识到"面对同一问题存在多个利益相关者"。例如"如何给校园里的流浪猫创造更好的生活体验"这一问题中存在着多少利益相关者呢？第一，流浪猫们自身就是主要的利益相关群体，它们有自己的生活需求。第二，校园里的学生群体。学生们面对每日在校园活动的流浪猫，会产生不同的态度，也就会产生不同的看法与需求。第三，负责管理校园环境的后勤团队。如何在保障流浪猫生存的同时维护好校园环境秩序，是他们面临的主要问题。不仅如此，此问题的利益相关者还包含校园内的教职工群体、流浪猫的原主人、当地流浪动物收容机构……正在看书的你可能也属于与这一问题利益相关的某一群体。

因此,当我们使用设计思维分析和解决问题时,需要尽可能多地了解到针对一个抗解问题存在哪些利益相关者,通过换位思考去体察每一个利益相关群体的需求与困难。即使我们不能就每一个利益相关群体的需求都设计出创新的解决方案,但可以去试着理解与感受他们的行为,丰富看待问题的角度。

案例分析:试着分析一下,以下五个问题里,每个问题包含哪些利益相关者?

(1)如何为学前儿童科普性别平等意识?

(2)如何更高效地清洁近海垃圾?

(3)如何给打扫卫生增加乐趣?

(4)如何改善大学生的睡眠质量?

(5)在我们所处的校园中,你还能想到哪些需要解决的抗解问题?

(二)对于问题本身的不同定义决定了解决方案的方向

每一个复杂的抗解问题,从不同角度分析就会出现很多不同的利益相关群体,我们会发现很难提出一个既能满足所有利益相关群体需求又同时具备创新性的方案。如果有这样的方案,则它的创新性很有可能会大大降低,因为它是在为所有人的最低要求服务。

具备创新性的方案或成果来自对其中一种或少数几种利益相关群体的细致观察和调研。由于每个群体所面临的困难和提出的需求都不相同,因此,我们必须站在选定的目标群体角度发现和定义问题。在创新初期阶段,我们需要从目标群体的视角定义问题,关注到其需求中的核心问题,有针对性地提出创新方案。

定义问题时常见的一个误区:当我们在定义问题时,由于受到主观因素的影响,常常习惯于将自己所在的群体视作问题里最主要的利益相关群体，陷入类似于"我们遇到的问题最困难并且都是因为×××而产生的"的思维误区；另外，尽管有时我们能够选定一个群体，但还是站在主观视角对其需求进行猜测，缺少"以人为本"的换位思考，陷入"我们觉得他们一定需要×××"的思维误区。

（三）解决方式没有对错，只有好与不好

"只要使用设计思维规定的流程解决抗解问题，就一定会诞生惊世骇俗的创新成果吗？"实在抱歉，这个问题的回答是否定的。设计思维不仅要考虑人的需求、行为，也要考量科技或商业的可行性。在进行创新项目设计的过程中，扎实的专业知识、多领域团队合作、可获得的技术支持等要素都会对最终的结果产生直接影响。

"如果我的创新成果没有很强的影响力或者看上去很 low，是不是创新就没有意义了？"这个问题的答案当然也是否定的。D.School 的课程目标中明确写着："Our goal is to help you use design to make change where you are"。我们将它翻译为：我们希望帮助学习者利用设计思维在其自身所处之地做出改变。这个"所处之地"可以是周围的宿舍、教室、小区，也可以是我们所在的组织。待自身能力增长之后，可以为我们所在的城市、国家，甚至于为世界的改变贡献自己的力量。

下面是两组在校学生利用课上、课下时间完成的创新成果，也许这些产品看上去并不具备明显的"科技感"与"商业性"，但是却是洞察生活细节、尝试在力所能及范围内解决身边问题的优秀案例。

1. L.B.A 护鸟计划

L.B.A 护鸟计划与联合国 17 个可持续发展目标之一的"陆地生物"相契合。在校园生活中，存在着小鸟误食鼠饵盒内药品的安全隐患。学生小组在实地考察与调查研究后，决定对鼠饵盒进行创新性改造，在保留诱鼠功能的同时调整、丰富其内部结构，从而为小鸟提供更加安全的生活环境。L.B.A 护鸟计划说明海报如图 4-1 所示。

图 4-1 L.B.A 护鸟计划说明海报

2. 烟头占卜器

烟头占卜器是一款富有趣味的烟头收集器。学生小组针对身边存在的烟头随地乱扔的现象，将收集烟头的垃圾桶进行改造。通过增加扔烟头的趣味性来提高烟头收集率，从而达到保护环境的目的，烟头占卜器说明海报如图 4-2 所示。

创新成果并没有对与错的区分，它的好与不好的评判标准也不应该是"能不能改变世界"或者"会不会赚钱"，而是"有没有帮助身边的世界变得更好""是否解决了一部分人群的真实问题"。利用设计思维可以将我们的创新成果转化为一股让世界变得更美好的力量。

图 4-2　烟头占卜器说明海报

（四）从不同的角度来看问题，没有单一清晰的解决方案

抗解问题之所以难以解决，其中一个很重要的因素就源于其不断变化的属性。以"解决西安某大学高峰期学生就餐难"这一问题为例，经过团队观察、调研、推演、测试得出的解决方案是在南教学区、西教学区、北教学区制造下课的时间差，学生根据不同的下课时间分批去食堂用餐。这一方案在使用初期确实取得了良好的结果，但一段时间后，学生会调整自身情况以适应新的方案，导致新的方案在运行中不同利益相关群体会再次产生新的问题与需求，需要提出新的方案来解决。

在使用设计思维就抗解问题提出解决方案时，由于选定的群体不同，会诞生不同的解决方案。即使是在选定解决方案之后，也需要对方案适用的时间进行预估，并且需要在实施过程中站在不同群体的角度进行持续关注与跟进，及时洞察新问题并对其改进或提出新的解决方案。

抗解问题不同于以往我们在学习时遇到的简单问题或复杂问题，其具有更强的矛盾性、社会性与多变性。具体表现在抗解问题中不同利益相关群体的需求可能存在冲突、更关注社会生活中潜在的问题与困难，并且问题中的各个要素处在不断变化中。抗解问题的解决方案必然是具有创新性的，是在现有基础上进行的创新性改变或改造。使用设计思维提供的流程和规范能够保障我们在解决抗解问题时始终走在正确的道路上，并有创新成果的产出。

本节是走上创新之路这一章的第一小节，也是由批判性思维进入设计思维的第一部分。设计思维是近年来的一个新兴概念，起源于斯坦福大学D.School。随着人们对它的研究与应用不断深入，设计思维已经不仅仅是设计师应当必备的一项技能，而且是一种人人都应具备的思维方式。设计思维的学习与锻炼并非毫无方法可循，而是可以遵循设计思维流程，在生活、学习中不断练习从而实现创新。

四、设计思维如何培养创造力

锻炼设计思维的使用技能，有助于提升个人的创造力。学习设计思维，可以通过设计思维的思考方式洞察创新的可能性，利用设计思维方法论将可能性变为可视化、可操作的创新成果。

创造力是"个人拥有和运用一系列能力的状态，这种状态使个体能够将多种新的连接组合起来，并产出有意义的结果"。中国传媒大学设计思维创新中心将定义中的"一系列能力"概括总结为发散性思维能力、收敛性思维能力、艺术性能力。

想象一个漏斗，开口较大那端代表范围很广的初始可能性，而开口较小的那端则代表经仔细汇聚后的解决方案。发散性思维的目的就是增大可能性以创造新选择，也是针对特定问题，快速生成若干想法或解决方案的能力。发散性问题是开放的，并没有单一的、明确的解决方案。发散性思维包含四种具体的能力标准。

（1）原创性，即做出的回答是在统计上罕见的。

（2）熟练程度，即回答的数量有多少。

（3）灵活性，即一系列回答分属不同类别，这些类别的数量有多少。

（4）详细程度，即回答中包含多少细节。

两度获得诺贝尔奖的莱纳斯·鲍林（Linus Pauling）曾说："为了有个好主意，必须先有很多想法。"发散性思维作为创新必不可少的部分，要求设计者能跳出现有的认知框架，站在新的高度上提出不同于以往的全新方案。在这一阶段，设计者可以尽情发挥想象力，构思天马行空的解决方案，尝试得到更具新颖性的解决方案。但在设计思维中，发散性思维必须伴随着收敛性思维一同发挥作用。在现存的文献中，收敛性思维被定义为针对特定问题提供单一的正确解决方案的能力。当使用收敛性思维解决问题时，我们会在已有解决方案的基础上，从不同的角度评估问题，在给定的或相关的想法之间建立独特的联系，最后采用新颖的方法解决问题。

收敛性思维的应用在创新过程中同样至关重要：在发散性思维影响下，关于问题的解决方案天马行空并且充满奇思妙想，但是有些想法是很难与实际生活结合并真正实施的。只有及时思考如何在解决方案落地的环节中使用收敛性思维，将预想的解决方案下沉与商业及科技的可行性相结合，才能形成一套具有真实操作性的有效方案。

设计思维思考者所采用的思考过程，应当是发散性思维和收敛性思维交替运作、协同上升的过程。每个重复的过程与前一次相比都会更聚焦，也更关注细节。在发散性思维阶段，新选择会出现；在收敛性思维阶段则大胆淘汰选项，做出选择。

案例分析：发散性思维和收敛性思维小游戏。

试着调用你的英语单词库，组成一个长短不限、意义不限但语法通畅的句子。要求是每个单词的首字母必须相同。例如：Sam sales strawberries。

请试一试在一分钟之内你能写出几个句子。

在进行上面游戏的过程当中，我们会发现，在发散性思维阶段，脑海中会浮现各种各样的单词，这些就像是各种复杂的选择，而要组成句子，我们就必须有所取舍。在复杂的选项中做出选择，最终组成符合要求的句子，这就是收敛性思维在发挥作用。

除发散性思维与收敛性思维之外，在提出创新方案时，设计者的艺术能力也会得到锻炼。创新成果需要以可视化的形式完成输出：故事、模型、产品……无论是绘制原型设计图还是制作模型，在整个过程中对艺术和美的追求是不能放弃的。众多成功的创新案例已经说明，成功的创新成果不仅需要创新的内核，在视觉呈现方面的打磨上也需要充满匠心，做到赏心悦目。

第二节　设计思维百宝箱

认识设计思维，理解设计思维是实现创新的重要前提，除了理解设计思维的过程以外，还需了解整个过程中不同流程和时间点所运用的特定工具和所需要的能力。在上一节内容中我们了解到了设计思维的来源、定义和意义，从本节开始我们将具体学习设计思维五步法中各个步骤的内容及如何在创新过程当中对其进行应用。此外，设计思维的方法论不是单一的、确定的，因此在本节中还向大家介绍其他设计思维方法论，可根据项目和用户的不同特点来选择不同的创新路径。

一、设计思维五步法概述

我们可以将设计思维理解成一种标准化的设计方法，而设计思维五步法就是这套设计方法的具体流程，它包括五个步骤：移情（同理心）、定义、设想、原型和测试（图 4-3）。设计思维五步法的实践过程是一个打开想象力和创造力的过程，它为我们解决实际问题提供了无限的可能。

传统的设计方法论将设计过程概括为四个步骤，即定义需求、头脑风暴、原型制作和用户测试。斯坦福大学的设计思维五步法则是在传统的设计方法论的基础上更加关注目标用户群体的真实感受和真实需求，强调沉浸式体验，与此同时注重操作步骤可视化并且聚焦产品的社会价值，力图寻求产品在社会影响和商业运营之间的平衡。接下来让我们来具体看看设计思维五步法与传统设计方法论之间的区别。

图 4-3　设计思维五步法

首先，设计思维五步法和传统的设计方法论最本质的区别在于增加了移情这一步，即强调沉浸式体验目标群体的真实生活、注重目标群体的真实感受和真实需求。只有站在对方的立场，真实体验目标群体的生活，才能找到他们的痛点，做出其真正需要的改变，解决他们的实际问题。

其次，设计思维五步法注重流程的可视化。在设计思维的实践过程中，我们会用到大白纸、便利贴、剪刀、彩笔、易拉罐、木棒等工具，将想法可视化地呈现出来，帮助我们持续关注关键问题并富有创意地解决它。

最后，设计思维五步法的理念是以人为本，即关注产品或服务的社会价值，这也是设计思维的初衷。它的第一目标并非是为了获取商业成功，而是让社会变得更好。设计思维所要解决的往往是社会和生活中真实存在的问题，在解决问题的同时实现其社会价值和商业价值，所以我们也可以认为它实现了社会影响和商业运营之间的平衡。

二、移情

移情是设计思维五步法的第一步，也被认为是设计思维五步法与传统的设计方法论最根本的区别,它是设计思维是否能够被成功应用的关键。接下来我们将从移情的概念、移情的意义以及如何做到移情这三方面去认识移情。

(一)什么是移情

移情(empathize)也被称为同理心,是指站在对方的立场,设身处地地了解对方的感受与想法,与之产生情感和思想的共鸣并以此为依据做出符合对方期望的回应。移情强调的是倾听、理解与尊重而不是主观臆断的猜测与评价。移情的过程就是沉浸式体验的过程。

在学习移情的概念时我们首先要能够区分同情心和移情的区别。同情心指感知到他人的痛苦而产生的恻隐之心。移情和同情心最大的区别在于是否换位思考,是否站在他人的立场感知、考虑问题,是否平等地看待对方而非将对方视为弱者去表达关心。显然,移情是比同情心更加深入的一种能力。

那么,在移情的过程中,我们应该关注用户哪些方面的需求呢?这里给大家提供一个可以思考的方向,在预测用户需求时,可以将马斯洛需求层次理论作为参考框架。

马斯洛需求层次理论是行为科学的理论,由心理学家亚伯拉罕·马斯洛(Abraham Maslow)在1943年在《人类激励理论》论文中提出。文中将人类需求像阶梯一样从低到高按层次分为五种,分别是生理需求(physiological need)、安全需求(safety need)、归属和爱的需要(belongings and love need)、尊重的需要(esteem need)和自我实现(self-actualization),依次由较低层次到较高层次排列,通常被描绘成金字塔,如图4-4所示。

马斯洛指出,人们需要动力实现某些需求,有些需求优先于其他需求。这五种需求具体如下。

生理需求:这是人类维持自身生存的最基本要求,包括食物、水、氧气、休息、睡眠以及性的需求等。生理需求是推动人们行动最首要的动力。

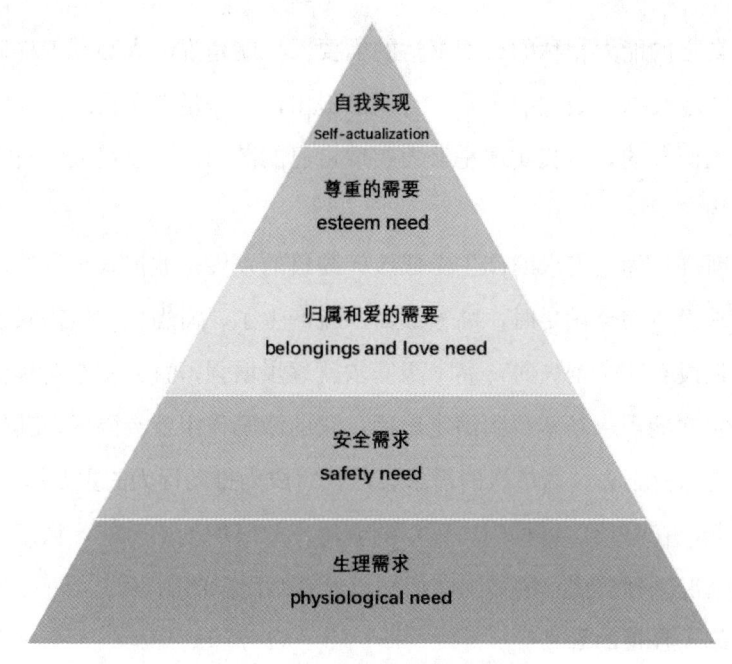

图 4-4 马斯洛需求层次金字塔

安全需求：这涉及工作职位保障、家庭安全、生活稳定、健康保障等方面，人们需要感到安全和受到保护。

归属和爱的需要：这一层次包括对友情、爱情等亲密关系的需求，人人都希望得到相互的关心和照顾。

尊重的需要：这包括对自我尊重、信心、成就、对他人尊重以及被他人尊重的需求。尊重的需要可分为内部尊重和外部尊重。内部尊重是指一个人希望在各种不同情境中有实力、能胜任、充满信心、能独立自主；而外部尊重则是指一个人希望有地位、有威信，受到别人的尊重、信赖和高度评价。马斯洛认为，尊重的需要得到满足，能使人对自己充满信心，对社会满腔热情，体验到自己活着的用处和价值。

自我实现：这是最高层次的需求，是指实现个人的理想、抱负，将个人的能力发挥到最大程度。达到自我实现境界的人，接受自己也接受他人，解决问题能力增强，自觉性提高，善于独立处事，要求不受打扰地独处，完成与自己的能力相称的一切事情的需要。也就是说，人必须干称职的工作，这样才会感到最大的快乐。马斯洛提出，为满足自我实现所采取的途径是因人而异的。自我实现是努力实现自己的潜力，使自己成为自己所期望的人物。

马斯洛认为，需求的产生由低级向高级的发展是波浪式推进的，在低一级需求没有完全满足时，高一级需求就产生了，而当低一级需求的高峰过去了但没有完全消失时，高一级需求就逐步增强，直到占绝对优势。同时，低层次的需求基本得到满足以后，它的激励作用就会降低，其优势地位将不再保持下去，高层次的需求会取代它成为推动行为的主要原因。

因此，在移情的过程中，可以随着用户此时所处的时间、情绪、经济等客观情况去理解用户的需求，增加设计者对用户的洞察。

（二）移情的意义

在我们生活的方方面面，移情都显得至关重要。首先，它可以增进人与人之间的理解，加强个人的交际能力。移情可以减少因文化、信仰、价值观不同所造成的冲突，让人们实现和谐共处；其次，通过移情，我们可以发现并解决大量社会问题，让公共设施及公共服务更具人性化，便利居民生活，提升幸福指数；最后，在商业行为中，移情可以帮助设计者真正了解用户的需求、改良产品设计、优化服务，从而实现产品价值。列举一些具有同理心的日常产品设计。

日本的一家超市专门为老年人配备老花镜，老花镜就挂在购物推车上，便于顾客取用查看商品信息，只是为传统的购物车增添了一个小配件，就有效地帮助了许多老年人提升了超市购物的体验。

另外，一些国家的货币上供盲人触摸的凸点可帮助盲人辨识纸币面值。所有这些人性化的设计都来源于充分的移情，它可以帮助我们挖掘出目标群体的潜在需求。

（三）如何做到移情

既然移情如此重要，那么我们要如何做到移情呢？我们可以采用以下三种方法去建立充分的移情，即跟踪与观察、沉浸式体验、调查访谈。

1. 跟踪与观察

想要真正做到移情，需要近距离跟踪和观察受访者，融入目标群体生活的方方面面，努力做到感同身受。下面这个例子为我们充分展现了如何通过跟踪与观察的方法深入了解被访者。

案例分析：网络系列演讲《一席》节目组在 2018 年邀请到华南理工大学建筑学院讲师何志森做客演讲。何志森是华南理工大学建筑学院的讲师，也是墨尔本皇家理工大学建筑与设计学院兼职教授，但他还有另一个身份——"城市追踪者"。他在 2013 年创办了 Mapping 工作坊，该工作坊以"跟踪、观察、发现－思维导图训练－构图思考－策展"的独特模式解读城市和空间。在做每一次研究时，何志森都会融入被观察者的生活。他认为"你要长时间地跟踪这个目标，你要把自己变成这个目标""如果你要跟踪研究一条狗，那么你要把自己变成狗"。在华南理工大学建筑学院的工作坊中，有一组学生研究的对象是一位卖糖葫芦的阿姨。第一天学生近距离观察这位阿姨，记录阿姨不同时间段摆摊的位置。了解阿姨八点钟为什么要站在地铁口、九点钟为什么站在厕所门口、十点钟为什么站在一棵大树下，去了解小贩们如何利用设计师设计的空间。第二天学生跟踪阿姨穿过卖糖葫芦的广场一直到阿姨居住的城中村家中。在被阿姨发现后，通过解释和交流，阿姨留下学生们一起吃了晚饭。第三天，学生继续跟踪阿姨的生活，遇见阿姨被城管收走了所有的糖葫芦，阿姨在路边沉默不言。通过交谈学生们了解到阿姨卖糖葫芦的钱中有 2/3 是要寄回山东老家给留守家中的孩子做生活费的。今天被没收了糖葫芦，就意味着今天孩子收不到妈妈寄来的生活费。因此学生们为阿姨设计了三条躲避城管的"逃跑路线"。第四天学生把自己变成了卖糖葫芦的小贩。在卖糖葫芦的过程中，学生发现上厕所是一个难题。原来阿姨从早上五点起床开始就不敢喝水，直到把手中所有的糖葫芦都卖掉才敢喝水。于是学生为阿姨设计了一辆既可以变换成卫生间又可以载物的推车。通过跟踪与观察卖糖葫芦阿姨的生活，学生们完成了一次很好的设计，交上了一份满意的答卷。

2. 沉浸式体验

运用设计思维的设计者可以通过角色扮演等方式沉浸式体验目标群体所处的环境、生理和心理的需求与变化，从而做到感同身受。例如，在很多企业，销售团队内训时都会让销售人员扮演不同类别的顾客，体会不同顾客的不同需求和心理特征。沉浸式体验更加能够激发设计者解决问题的内在动力。下面这个例子中，中青年志愿者就是通过沉浸式体验这一方式体会到老年人生活的不易从而实现移情的。

案例分析：随着人口老龄化程度加剧，关爱老人成为社区服务的一项重要工作，然而再多的呼吁都不如一次亲身体验能让人印象深刻。2016年4月12日，北京东城区东四街道办举办了一场"老年生活体验"活动，30多名中青年志愿者戴上黄色眼镜和耳塞、系上关节护具、穿上打滑的"增高鞋"，在看不清、听不清、腿脚打滑的状态下体验读书看报、穿针引线、上下楼梯。中国社会福利基金会居家健康关爱基金通过这次活动呼吁社会各界关注、理解老年人，关爱老人从多一点耐心、关怀和理解开始。

3. 调查与访谈

当目标群体数量非常庞大时，我们还可以通过案头调研（desk research）和田野调查（field research）两种方式去了解目标群体的需求，从而实现移情。

案头调研即人们通过互联网或报刊书籍等媒介对收集到的文字信息根据需求进行判断和筛选的过程。值得注意的是，在进行案头调研时并不是所有检索到的信息都是有效的，首先需要筛选信息来源的渠道以保证信息渠道的专业性、公信度以及中立性；其次，我们需要辨别信息质量的高低并且筛选出所需要的信息；最后，我们需要根据信息的共性和特性对信息进行分析和汇总。

另一种了解需求实现移情的调研方式是田野调查。田野调查也被称为实地调查，调研人员可以通过调查问卷和典型用户访谈等形式进行调研。

调查问卷往往是定量调查，我们选取一定数量的、具有代表性的用户为调查对象（样本），设计以封闭式问题为主的问卷，以线上或者线下的形式进行问卷的发放和回收，调查结束后进行数据统计和分析，最终撰写调研报告。

典型用户访谈则是选取具有代表性的少量用户，进行一对一或一对多约谈，采访以开放性问题为主。采访时需要尽量选择让采访对象舒适和具有安全感的地点，采访者要做到态度真诚，让受访者感到被尊重和理解，采访结束后需要对访谈内容进行整理和分析。无论是调查问卷还是典型用户访谈，都需要采访者在提前了解目标群体的立场和特点的同时明确自己的调查目标，合理、有效地设计问题。

（四）基本调研方法

设计是一个交流的过程，一位有同理心的设计师一定不会高高在上，从一种超级英雄视角去为用户设计，试图"拯救"用户，设计师只有对用户有了深刻的了解，才能设计出用户需要并会为之买单的设计。想要设计出既符合用户需求，又具有创新性的产品，对于用户和市场的调研就必不可少。本节主要介绍调研的种类、调研的方法和数据的可视化展示，这些基本的调研方法可以用在社会调研和市场调研当中，也能为科学研究提供助力。

1. 调研的重要性

调研对于设计的重要性主要体现在以下几个方面：

（1）帮助理解用户需求。设计调研可以帮助产品设计团队深入了解目标用户的需求、痛点、偏好和期望。通过与用户直接交流和观察，产品设计团队可以获得关于产品功能、界面设计、用户体验等方面的宝贵反馈。

这种理解用户需求的过程有助于确保产品能够满足用户的实际需求，从而提高产品的市场竞争力。

（2）确定目标用户群体。设计调研有助于确定产品的目标用户群体。通过调研用户的特征、行为和偏好，设计团队可以准确定位产品的受众群体，并针对他们的需求进行设计和定位。这样能够更加精准地满足目标用户的期望，提高产品的吸引力和用户满意度。

（3）提升设计的质量。设计调研是提升产品质量和用户体验的关键步骤。通过深入了解用户的使用场景、痛点和期望，设计团队可以优化产品的界面设计、交互流程和功能设置，以提供更好的用户体验。同时，调研还能够帮助设计团队发现并解决潜在的问题，从而提高产品的易用性和用户满意度。

（4）降低开发成本。设计调研有助于降低产品开发过程中的冗余和错误。通过在早期阶段获取用户反馈，设计团队可以及时发现和纠正设计上的问题，避免在后期开发阶段进行大规模的修改和调整。这样不仅可以节省时间和资源，还可以提高产品的开发效率和质量。

（5）创新设计的源泉。调研是创新设计的源泉。通过深入了解行业动态、竞争对手情况以及用户需求等信息，设计师可以获得更多的灵感和选择，有助于开发出更具创新性和市场竞争力的产品。

因此，调研在设计过程中起着至关重要的作用，它为设计提供了基础信息和灵感来源，有助于确保产品与用户需求相匹配，提高产品的质量和竞争力。

索尼公司对 MP3 产品调研的案例可以说明深入调研的重要性。在 MP3 这款产品热销的年代，索尼因为其产品的高质量和漂亮的外观深受消费者的喜爱。在一次新产品的内部测试会上，索尼邀请了很多索尼产品的铁杆粉丝前来参加用户调研。其中一个调研问题是，"你希望新款 MP3 是什么颜色？"用户的答案各不相同，红色、绿色、蓝色、黄色、紫色、白色都有被相同比例的用户提及。调研结束后,索尼公司为感谢用户前来参加调研,准备赠送他们各种颜色的最新款 MP3,结果发现,在离开时,80%的用户还是选择拿了黑色和灰色这种基础配色的 MP3。有了这最后一步,这次调研成功帮助索尼公司避免了生产过多彩色产品而造成滞销货物积压的潜在危机。这个故事告诉我们,在调研中,用户都在选择他们认为正确的选项,但有时用户给出的调研结果和实际选择也有可能存在差异,作为调研者,我们一定要通过科学的调研方法,帮助用户发现他们真正的痛点和需求,挖掘出用户的行为习惯。

2. 调研的种类

基本的社会调研分为一手研究(primary research)和二手研究(secondary research)。一手研究是指针对特定问题或情况进行的原创性研究。这种研究方法是通过直接收集数据、观察、实验或访谈来获取新的信息或验证假设,又称为田野调查。相比之下,二手研究则是利用已经存在的资料或研究成果进行调研,又称为案头调研。

在开展调研的过程中,我们一般会先进行二手研究,即案头调研,对要调研的问题进行一个基本的了解,然后再进行一手调研,即田野调查,对自己感兴趣的方向进行有针对性的深入调研。接下来我们按照调研的顺序分别介绍两种调研方法的优缺点和具体的实施方式。

(1)案头调研。案头调研是一种利用现有资料进行调研的方法,顾名思义,这种调研方法在办公桌上就可以完成,不必到实际发生的场景中做调研。它涉及在图书馆、互联网、公司报告、行业报告等资源中收集与调查主题相关的信息,以帮助研究者了解研究领域的情况、发现问题、寻找机会以及验证假设。

案头调研的优点如下:

节省人力财力:与实地调研相比,案头调研可以节省大量的时间。研究者不需要安排实地访问,也不需要进行现场观察和采访,调研者可以轻松快速地搜索到需要的信息。而且，案头调研不需要花费大量的资金，因为它不需要支付交通费用、住宿费用和其他与实地调研相关的费用。

跨地域：案头调研不受地理位置的限制，研究者可以在任何地方进行调研，无论目标用户和市场在哪里。

充足的数据和不同的视角：随着互联网的发展，信息变得非常易于获取，只要有得当的信息检索方法，研究者可以在充足的互联网资料库中轻松地通过案头调研获取与调查主题相关的信息，如市场趋势、竞争对手情况、政策法规等。同时，这些充足的信息和数据是来自不同的信息分享者或平台，将会看到相同话题不同立场、不同视角的分析，研究者可以批判性地做出理性选择，从而进行比较。

案头调研的缺点如下：

信息可能不准确：由于案头调研使用的是现有资料，这些资料可能已经过时或存在误差。此外，公开信息可能受到保密协议的保护，导致研究者无法获得最新的、准确的信息。

信息可能不全面：案头调研可能无法获取到某些未公开的信息或内部资料，这可能导致研究者无法获得全面的信息。

难以筛选出有效的信息：进行案头调研需要一定的专业知识，包括如何有效地搜索和筛选信息、如何理解和分析数据等。互联网信息量庞大，确实为案头调研提供了很充足的数据支持，但同时，想搜索到与自己研究相关的信息需要花费大量的时间，进行有效的筛选和甄别。

基于以上的优点和缺点，在进行案头调研时，研究者应该遵循以下几个步骤：

确定调研主题和目标：在开始调研之前，研究者需要明确自己的调研主题和目标，以便更有针对性地搜索和筛选信息。

收集尽可能多的资料：在进行调研时，研究者需要尽可能多地收集资料，包括书籍、文章、报告、数据库等。这些资料可以帮助研究者了解市场情况、竞争对手情况、政策法规等。

筛选和评估信息：在收集资料后，研究者需要对这些信息进行筛选和评估。他们需要确定哪些信息是相关的、准确的、可信的，并对其进行评估以确定其质量和价值。

整理和分析资料：在筛选和评估信息后，研究者需要对这些资料进行整理和分析。研究者可以使用各种工具和技术来组织和分析数据，以便更好地理解市场趋势和问题。

得出结论和建议：最后，研究者需要根据所收集到的资料和分析结果得出结论和建议。他们可以确定目标市场的规模和趋势、竞争对手的优势和劣势以及产品的商业机会、可行的产品设计方向等。

在进行案头调研时，选择可靠的信息来源，可以在很大程度上帮助我们高效率地实施调研，通常调研者习惯于在搜索引擎中搜索调研关键词，但获得的信息质量良莠不齐。接下来我们将对几种不同的信息来源进行分析，帮助大家在不同调研阶段选择适合的信息来源。

在案头调研的初期，研究者需要快速而全面地获得关于某一话题的基本概念，可以使用百度百科等网站，但由于此类网站的编辑者可以是任何人，所以有时信息不够准确，因此它们只适合用于案头研究的第一步。

在案头调研中期，调研者可能需要除了基本概念以外的一些相关行业内的见解，因此可以查找像哈佛商业评论（*Harvard Business Review*）、英国金融时报（*Financial Times*）等一些虽不是学术期刊，但具有一定威望的高标准行业新闻刊物，阅读前沿的优秀文章也有助于拓宽研究者的视野。

随着案头调研的深入，调研者所需要的信息准确度和可信度不断提升。这时候就应该选取相关咨询公司报告或行业报告，以期为案头调研提供更具专业性的数据和信息。行业咨询报告可提供行业的信息和分析，提供针对行业问题的解决方案和建议，对行业的未来发展趋势进行预测。这些内容都能够帮助研究者解决实际问题，提高决策效率。总之，行业咨询报告的优点在于其全面性、专业性、预测性和解决方案性，能够为研究者提供有价值的信息和帮助。

综上所述，案头调研可以通过收集现成的信息资料，避免实地调研需要的大量时间和成本，提高调研效率，帮助调研者了解行业、市场、竞争对手等各方面的信息，为接下来的田野调查提供参考和依据。

小练习：请通过案头调研调查以下这个问题：抖音每天会"偷走"人们多少时间？

（2）田野调查。田野调查是一种实地参与现场的调查研究工作，又称"实地调查"，它是来自文化人类学、考古学的基本研究方法论，是一种重要的社会科学研究方法，能够收集到真实可靠的数据和信息，为学术研究提供有力的支持。

田野调查是一种通过深入研究对象内部，以参与观察和访问的方式收集一手资料，并通过这些资料进行定量或定性分析以解释社会现象的研究方法。它通常被用于获取实时、真实的市场信息和消费者反馈，以便更好地了解市场需求和消费者行为。这种调研方法可以用于各种领域，如产品设计、市场营销、社会科学、教育研究等。在田野调查中，研究者通常会和被研究对象建立良好的关系，以便更好地理解他们的想法和观点。同时，调研者也需要根据研究目的和问题选择合适的调研方法，以获得想要的数据。

田野调查的过程包括制定研究计划、实施田野调查、收集数据、分析数据等步骤。在田野调查中，研究者需要注意安全和保护被研究对象的隐私，避免造成不良影响。此外，田野调查的具体方法包括观察法、问卷法、访谈法等。与案头调研相比，实地调查更加侧重于通过直接观察和交流来收集数据，因此可以更加深入地了解研究对象，获得更丰富、更准确的信息。观察法在上文如何移情部分已介绍过，这里就不再赘述，本节中将详细介绍问卷法和访谈法的适用对象及优缺点，具体实施流程见创新工具一章。

1) 问卷法。问卷调查法是一种通过设计问卷来收集数据和信息的方法。问卷通常包含一系列问题，这些问题可以是开放式的、封闭式的或混合式的，以便收集被调查者的意见、态度、行为等方面的信息。问卷调查法是一种广泛使用的社会科学研究方法，可以在短时间内收集大量数据，具有较高的效率和经济性。

问卷调查法的优点如下：

标准化和成本低：问卷调查法以设计好的问卷工具进行调查，问卷的设计要求规范化并可计量，因此可以实现标准化操作，降低成本。

覆盖面广：目前问卷调查基本是以电子版的方式呈现在被调查者面前，被调查者可在手机上完成由问卷星或其他工具制作的电子问卷，因此覆盖面很广，可以收集到不同地区、不同人群的数据。

灵活性高：问卷调查可以根据研究目的和问题来设计不同类型的问题，包括开放式问题、封闭式问题等，具有较高的灵活性。

便于统计分析：问卷调查收集到的数据可以通过统计分析软件进行统计和分析，便于研究者对数据进行处理和分析。而且，随着问卷软件的发展，对数据的统计和可视化展示都更加便利了。

问卷调查法的缺点如下：

受限于被调查者的配合程度：被调查者是否愿意填写问卷、是否认真填写、回收率有多高等都会影响调查结果的质量。

存在样本偏差：如果被调查者不具有代表性或者存在样本偏差，那么调查结果可能存在偏差，不能为调研者提供准确的信息，导致设计的方向走偏。

受限于问卷设计：问卷设计的质量直接影响调查结果的质量，如果问卷设计不合理或者问题表述不清，可能会导致数据失真或者产生误导性结果。

总的来说，问卷调查法是一种重要的社会科学研究方法，具有较高的效率和灵活性，但也需要注意其存在的缺点和限制。在实践中，研究者需要根据研究目的和问题来选择合适的调查方法，以确保调查结果的质量和可靠性。

从问卷调查法的缺点能看出，调查问卷的设计质量非常重要，在缺乏设计问卷经验时，调研者往往会走入一些常见的误区，以下将向大家介绍几种错误的问卷问题类型。

有偏见的问题（biased questions）

这些问题是一种带有偏见的问题，会导致参与者以某种方式同意或回答。如：有很多人认为校园停车是个问题，你是他们中的一员吗？

这个问题在错误地引导被调研者，无形之中给了被调研者一种需要从众的压力，潜台词是"有很多人都认为校园停车是个问题，你难道不这样觉得吗？"这种提问方式太具有引导性。

修正问题：你同意校园停车是个问题吗？

双重问题（double-barreled questions）

双重问题是一个包含多个问题的问题。参与者可以回答一个问题，但不能同时回答两个问题，或者可能不同意部分或不同意全部问题。如：你是否同意校园停车是个问题，政府应该努力解决这个问题？

在答问卷的过程中，调研者和被调查者并不能面对面沟通，被调查者只能通过白纸黑字的问卷来理解调研者的意思。这种提问方式，其实是在同时问两个问题，如果回答是，将代表被调查者同意这两个问题。

修正问题：校园停车是个问题吗？（如果参与者回答是）：行政部门是否应该负责解决这个问题？

令人困惑 / 啰嗦的问题（confusing or wordy questions）

此类问题通常是描述得太宽泛或太啰嗦。调研者需要确保问卷中的问题不会令人感到困惑，这样的问题混淆视听，只会导致不可靠的答案。如：你怎么看停车问题？

这很让人困惑，因为不清楚问题在问什么——停车这件事？某个人停车的能力？校园停车？

啰嗦的问题，如：你认为校园内的停车情况是有问题的还是困难的，因为目前来看是缺乏空间和步行距离的，还是你认为目前校园内的停车情况是可以的？

这个问题很啰嗦，面对这样的问题，被调查者的注意力很容易被转移，不知道自己回答的究竟是什么问题。

2）访谈法。访谈法是社会科学中的一种基本研究方法。它主要通过调研者和受访人面对面地交谈来了解受访人的心理和行为。在完成针对广泛人群的问卷调查后，可以挑选对调研问题有较深见解的人进行访谈。

因研究问题的性质、目的或对象不同，访谈法具有不同的形式。根据访谈进程的标准化程度，可将它分为结构型访谈、半结构型访谈和非结构型访谈。

结构型访谈通常按定向的标准程序进行，是根据已设计好的问题一一提问，访问过程有严格的控制；半结构型访谈按照一定的程序进行，通常会设计一个访谈大纲，但具体采访哪些问题会视实际情况而定；非结构型访谈则更加灵活，是没有定向标准化程序的自由交谈，访问者可以根据实际情况进行调整，更像是一种"沙龙式"的对谈。

访谈法运用面广，能够简单而快速地收集多方面的工作分析资料，因而深受人们的青睐。它适用于多种受众和场景，可以是一对一的访谈，也可以在集体中进行。在访谈过程中，调研者是听话者，受访人是谈话者，双方通过互动和交流来收集和分析信息。

访谈法的优点主要如下：

灵活性：访谈法允许访谈者和被访谈者之间自由交流，可以随时改变方式，有利于捕捉和了解新的或深层次的信息。

深入了解：通过访谈法，可以比较有交往地收集用户的态度、知觉、意见等方面的资料，进一步探究在之前的问卷调查中获得的信息和材料。

观察行为表现：访谈法允许调研者随时观察受访者在谈话过程中的行为表现，更容易判断获得的信息准确与否。也更能了解受访者的动机、个性和情感特点。

建立融洽关系：访谈法容易建立主客双方融洽的关系，消除顾虑，使被访人坦率直言，提高结果的信度和效度。

访谈法的缺点主要如下：

结果处理和分析复杂：对访谈结果的处理和分析比较复杂，要求由专门的人员进行，谈话中受访者往往会提供更多信息，但相关与否需要调研者筛选和判断。

访谈者的影响：调研者的价值观、信念和偏向会影响受访者的反应，必须事先进行适当的访谈技术训练，确保调研者在提问时能够保持理性和中立，不受自己立场和观点的影响。

时间和精力消耗：一般情况下，访谈人数虽比问卷调查要少很多，但访谈需一对一进行，比较花费时间和精力，代价比较高。

基于以上的优缺点，在访谈前，调研者需要做哪些准备？

了解主题：你需要提前做好准备，这样才能准确地知道你的研究需要什么，你的访谈要获得什么信息。

进行足够的研究：这很重要，因为它可以帮助你明白受访者的意思，让访谈保持在正确的轨道上，而不是变成受访者对你的科普。

列出一个有条理的访谈大纲：包括你想问的每一点。

记好笔记：团队中应有成员负责记笔记，如果允许的话，可以把访谈录下来以备将来参考。

礼貌专业，衣着得体，说"请"和"谢谢"。

访谈中也要注意：

为受访者创造舒适安全的谈话环境，尤其是涉及隐私的主题。

永远记住你想要得到什么信息，不要偏离主题。

必要时引导受访者，但不要有诱导或暗示倾向。

访谈法在研究中的作用非常重要，它能够提供比其他数据收集方法更深入地了解研究对象的机会。通过与研究对象进行面对面的交流，研究者可以更好地理解他们的思想、情感、态度和动机等深层次的心理特征，这是问卷调查等其他方法难以做到的。

因此，在做田野调查时我们应该选择适合自己研究主题和用户特征的调研方法，问卷法和访谈法可以二选一，也可以结合使用，深入了解研究对象，获得一手数据，验证假设，从而推进创新产品的设计。

3. 数据分析与展示

在设计思维的特点中我们强调过其最重要特征是过程可视化，可视化不只是显示数据，而是以更容易理解的方式显示数据。移情作为设计思维五步法当中最重要的第一步，一定要将调研的结果通过适当的方法展示出来。有助于帮助设计师或调研者明确、审视自己对用户的理解以及未来的设计方向。

调研数据的展示应该清晰、准确、直观，以便读者能够快速理解数据并得出结论。以下是一些建议，帮助研究者展示调研数据。

使用图表：图表是一种非常有效的数据展示方式，可以直观地展示数据之间的关系和趋势。例如，可以使用柱状图、折线图、饼图等来展示不同类别的数据，但也要避免过多的图表，以免让读者感到混乱和难以理解，可以选择最重要的数据和图表进行展示。

总结关键指标：在展示数据时，要突出显示关键指标，以便读者能够快速了解数据的中心思想。例如，可以在图表旁边标注平均值、中位数、标准差等关键指标。

提供数据来源：在展示数据时，要注明数据来源，以便读者能够验证数据的可靠性。例如，可以在图表下方或旁边注明调查的时间、地点、样本数量等。

使用适当的单位和格式：在展示数据时，要使用适当的单位和格式，以便读者能够准确地理解数据。例如，可以使用小数点后两位的格式来展示百分比数据，或者使用适当的单位来展示其他类型的数据。

提供结论和建议：在展示数据时，要提供结论和建议，以便读者能够理解数据的意义并采取相应的行动。可以根据数据分析结果总结出用户的特征和想要解决的问题。

总之，通过使用图表、总结关键指标、提供数据来源、使用适当的单位和格式以及提供结论和建议等方法，可以有效地展示调研数据。展示数据和过程可视化不只是为了向他人展示设计的合理性，更是为了时刻帮助我们反思想解决的问题是否是用户需要的，是否解决了用户的核心需求。

三、定义

（一）什么是定义

定义（define）是设计思维五步法当中的第二步，它是在我们通过移情深入了解目标群体后，对其真实需求的再挖掘，是产品设计过程中对核心问题的二次界定。这一切是建立在对需求洞察的基础之上的。"在汽车出现之前，如果你问人们需要什么，他们的答案是一匹更快的马，而绝不是一辆汽车。"显然，人们真实的需求并不是一匹马，而是一个速度更快的交通工具。但诸多条件会限制人类的思维，很多时候人们甚至无法意识到他们真实的需求。让我们通过下面这个例子进一步理解如何定义主要问题。

案例分析：某小区的物业公司近期频频接到业主投诉，业主们集中抱怨大楼的电梯运行速度太慢，并威胁称若不更换更加快速的电梯，将不再续租。物业公司不得不一边请专业人士继续对现有电梯进行维修保养，一边与业主沟通协调，不胜其烦，但问题仍然没有得到解决。因为更换电梯的成本非常高，物业公司无法承受，为此十分头痛。

阅读案例，和你的同伴聊一聊物业公司应该如何解决这个问题呢？

表面上看，物业公司面临的问题是电梯速度过慢的问题。但随着深入的实地了解和与小区业主进行沟通之后，物业公司的工作人员发现"我们的电梯是比较慢，但与其他小区相比，我们的电梯速度并不算太慢。当很多业主抱怨电梯慢的时候，实际上是对等待电梯这段时间的无聊感到不满。"最终物业公司在小区的电梯间摆放了镜子和电视屏幕，完美地解决了这次投诉事件。

上面这起电梯投诉事件中业主们的表面需求是"电梯速度慢，想要提升电梯的速度"，但当站在业主的立场去看问题时，我们会发现其实业主们真正讨厌的是"等电梯时的无聊感"。基于此，我们对关键问题重新进行定义：物业公司需要解决的核心问题不再是"电梯的速度"，而是"如何打发等电梯的时间"。

（二）定义问题的工具

在现实生活中，我们需要解决的问题往往纷繁复杂，尤其当目标群体十分庞大时，我们需要一些有效的工具帮助我们快速、准确地了解、熟悉目标群体。勾勒用户画像和绘制用户体验地图是行之有效的两种方法，它们可以将用户诉求与设计方向进行有效连接。

1. 用户画像

（1）用户画像（user persona）的定义。用户画像的概念最早由交互设计之父艾伦·库珀（Alan Cooper）提出，他认为"用户画像是真实用户的虚拟代表，是建立在一系列真实数据之上的目标用户模型"。用户画像的本质是一种数据思维，好的用户画像需要大量的数据样本，需要大量历史数据的沉淀，并且需要保证数据的真实性。同时，用户画像需要建立在科学的算法和模型基础之上。

（2）用户画像的意义。首先，在产品设计阶段，目标群体的形象往往是非常抽象和模糊的。用户画像可以将目标群体具象化，帮助我们直观地了解目标群体，从而使产品设计更加聚焦、服务更为专注。

其次，在产品设计过程中，我们经常会看到这样一种现象，设计者在设计一个产品时，总是期望目标用户能涵盖到所有人，男性与女性、老人与孩子、行业专家与业余爱好者等。然而这样的产品因目标客户覆盖面过宽反而会缺乏个性，难以在市场上找到合适的定位，最终走向消亡。并且满足最大范围的需求必然会以降低某一功能或特性的标准为代价，也就是说，目标群的基数越大，产品某项功能的特色和标准就越低。这样的产品要么毫无特色，要么过于简陋。给特定群体提供专注的服务远比给广泛的人群提供低标准的服务更容易实现创新。

最后，制作用户画像可以使设计出的产品更加客观，更贴近目标用户的实际需求，避免目标用户草率地"被代表"。在产品设计的过程中，设计者经常不自觉地将自己的需求和期望与目标用户的需求和期望相混淆，认为自己与用户的期望是一致的。最终设计者设计出的产品与初衷背道而驰，不被市场所接受，沦为"糟糕"的设计。让我们来看一个"定义问题"的反例。

案例分析：2018年，锤子手机在北京鸟巢体育馆发布了一款被其称为"重新定义未来十年个人电脑"的黑科技产品：坚果TNT工作站。这里的TNT指的是Touch and Talk，这款售价9999~14999元的电脑的产品亮点为语音控制系统，即用户在使用办公软件时不再需要键盘输入，而是直接语音输入即可。令罗永浩意想不到的是，该款电脑尚未上市便迅速沦为笑柄。为什么一款备受关注的、具有革命性的科技产品会在一夜间成为全网嘲笑的对象呢？首先，产品的目标用户群被定义为在写字楼办公的精英白领。但试想一下，在一个开放的办公环境中，白领们分别对着自己的电脑吼出自己的报表、自己的创意或是下午的演讲稿，场面该多么失控，既没有效率，又毫无隐私。这款产品的设计者正是用自己的期望"代表了"写字楼中白领的期望，错误地定义了产品用户的需求。

（3）绘制用户画像的方法。在"如何做到移情"中我们介绍了两种调研的方法，案头调研和田野调查。通过这两种调研方法我们能够掌握大量的数据和信息。现在，我们将对这些数据和信息进行汇总和提取，绘制用户画像。贴标签是一种可视化的绘制用户画像的方法，通过对信息的汇总和分类，整理出高度精练的特征标识，如年龄、性别、地域、兴趣等。这些标签集合在一起就能非常直观地展现一个用户的信息全貌。

那么我们应该如何贴标签呢？其实，对信息进行汇总、分类、归纳、提取个性信息的过程就是在贴标签。首先，我们可以根据信息的不同特性进行分类。比较常见的标签属性包括人口属性、兴趣属性、地理属性、行为属性、商业属性等。人口属性是指目标用户的客观条件，包括年龄、性别、学历、婚姻状态、收入水平、所属行业等，这些标签是相对稳定、长期有效的，可能构建完成后很长一段时间都不会改变；兴趣属性是从用户兴趣爱好这一维度出发构建的标签，在互联网领域，很多需要个性化推荐、精准营销的场景都是以兴趣标签作为核心标签的；地理属性也是一项非常重要的标签，它的范围可以大到一座城市、一个国家，也可以细化到某个写字楼或是图书馆，它包括常住地、活动区域、活动路径、区域变化频率和时间等；行为属性包括日常行为习惯、常用工具、人际互动等，是勾勒目标用户日常生活状态的一组标签；商业属性包括消费水平、购物习惯等，是体现目标用户群体购买能力和购买偏好的一项重要标签。

其次，针对同一类别的标签，我们可以根据标签的细致程度将某一类标签分为一级标签、二级标签、三级标签等。越是下级的分类，其内容越具有个性化。参见表4-1所示的分级标签。

表4-1 分级标签

一级标签	二级标签	三级标签
人口属性	基础信息	年龄、性别、学历
兴趣属性	购物习惯、上网习惯	品牌偏好、支付方式、上网时段
地域属性	位置信息	家庭住址、单位地址

我们根据产品设计的目标和用户群体的特性选择合适的标签属性和标签分级。需要注意的是，在初期对目标群体进行调查时，我们就需要充分考虑标签属性，设计合理的调查问卷和采访问卷。另外，用户画像的形式并不统一。在绘制用户画像时，我们既可以采用图画的方式，也可以采用文字描述的方式。通过建立不同维度的标签，目标群体的关键信息将会非常立体地呈现在我们面前，帮助我们了解目标用户的痛点，重新定义核心问题。图 4-5 为用户画像的一种示例，我们也可以根据自己的喜好进行相应调整。

用户画像

年龄：27　性别：女　学历：本科
未婚白领
工作在一线城市　租房（无房无车）

独立，手机上瘾，宅，喜欢美好的事物，比较文艺，崇尚小资生活，追求生活美学，怕麻烦，重享受

痛点：1.生活节奏快，工作压力大　2.每天三点一线，生活单调　3.想要改善生活，但苦于没钱没时间　4.作为一个外地人，在当地无房无车，没有安全感　5.单身，生活圈太窄

目标：改变现状，追求品质生活，从自己兴趣出发，在平凡的生活中，发现一点点的不同，提升自己，对自己好一点，也让自己优秀一点

图 4-5　用户画像示例

绘制好用户画像后，我们就可以基于用户的特征，对其在产品使用过程中的体验进行一些预测，提早发现问题，改进设计。如何有逻辑、有条理地归纳用户的产品体验呢？如何将大量的信息和文字转化成一个简洁的图表呢？接下来，我们将详细介绍定义问题的另一个工具——用户体验地图。

2. 用户体验地图

（1）用户体验地图（user Journey map）的定义。用户体验地图是基于目标用户在特定的场景，使用产品的某个核心功能或服务时，从开始到结束的整个体验过程。通过对用户体验过程进行调研、分析、资料梳理，将

阶段、行为、触点、想法、情绪曲线、爽点、痛点、机会点这些维度，梳理成一张可视化的体验地图，通过对体验地图进行思考、讨论、总结分析来整体把控和评估产品体验，最终输出产品的改进方案。

（2）用户体验地图的意义。通过对用户的调研，大家都会收获很多关于用户体验、预期、感受的调研结果，拿到充实的调研结果，我们总会对调研结论有一些疑问，比如用户为什么不满意、为什么不推荐、为什么有这个需求、为什么产品改进了还是不满意？而用户体验地图能够避免我们对用户真实需求的不理解及自我中心主义，能够帮助我们更深刻地理解用户行为，进行全局性的机会点挖掘。在设计和规划产品时，通常有两种视角：

- 管理员视角，是一种全局性的产品设计图，复杂、视角不够充足，容易以设计师个人的喜好为主，以偏概全。
- 用户第一视角，是按一个用户使用的路径来画的产品设计图，包含从用户一开始怎么进入，每一步怎么体验，到最后怎么离开的完整过程。

设计思维与普通的设计方法论区别就在于多了"移情"这一重要步骤，用户体验地图的必要性也在此体现。整体来看，用户体验地图能够带来三方面的价值：

1）从场景中真正理解用户。

- 避免"管理员"视角：产品的设计者和决策者需要从用户的视角考虑用户要什么，而不是设计师认为什么是用户需要的，什么是正确的。
- 避免用户说的都对：理解用户也不是用户说要什么就给什么，而是通过用户场景观察用户在整个路径中是如何满足自己目标的、洞察用户想要什么，比如福特汽车的问世，而不是"一匹更快的马"。

- 理解不同用户的差异：一个产品可能会涉及不同"用户"，比如不同的商家角色在使用产品时用的功能不一样、需求也存在差异，要思考如何满足共性需求、差异性需求。

2）进行全局性的评估并发现机会。

- 产品全局：不是单纯从产品功能出发，通过数据或用户反馈层面的依据，割裂地去看每一个模块，单独提出解决方法，而是以更全面的思维看待用户使用流程，发现更多的潜在机会点；
- 用户全局：用户的体验过程中不仅是单一产品的体验，可能包括了前后的延展、过程中的联动，包括人际、空间等其他类型触点，探索产品外的机会点，如用户的需求有可能是通过别的产品实现的，我们的产品也会与其他渠道、组织有联络。

3）共创中达成共识推动决策。建立同理心，达成共识。通过构建体验地图倾听用户声音、理解用户行为、建立"同理心"，让设计师与用户在用户体验问题上达成共识，而不仅是聚焦在产品的功能上。

用户体验地图旨在通过流程化、系统化的方式发现及拆解产品问题。用户行为是抽象、多样的，用户体验地图可以将用户行为描述成故事，使其更加生动。站在用户视角，通过用户的体验、情绪、行为、接触点去感受用户的想法、痛点及需求。根据接触点和痛点明确设计方向。通过地图的形式，促进团队人员发现问题，发表对于某个业务／功能的看法，对现有问题达成共识。以可视化的形式展现用户历程，便于团队人员理解，通过用户历程，以全局视角评估问题，更全面、更透彻、更深入，助推后续产品的更新迭代。

（3）制作用户体验地图的方法。

诺贝尔奖得主，心理学家丹尼尔·卡尼曼（Daniel Kahneman）经过深入研究，发现对体验的记忆由两个因素决定：高峰（无论是正向的还是负向的）时与结束时的感觉，这就是峰终定律（peak-end rule）。

我们对一项事物体验之后，所能记住的就只是在峰值与终时的体验，而在过程中好与不好体验的比重、好与不好体验的时间长短，对记忆差不多没有影响。而这里的"峰"与"终"其实就是所谓的"关键时刻 MOT（moment of truth）"。事实上，这是由于人脑的选择性信息接收机制决定的。在众多的信息洪流中，我们无法一一甄别，只能选择我们想要的信息。在这个过程中，一些峰值体验或者是终时体验，就这样被我们锚定在了大脑中。在这里为大家讲述两个案例，更直观地体验峰终定律。

宜家是一个非常注重用户体验的品牌，经营业绩相当稳定。虽然受到疫情影响，但宜家的经营业绩相当稳健，线上收入还大幅提升。宜家的大卖场都非常大，走一圈下来，往往相当耗费体力。但在其漫长的购物路线中，宜家花费了不少心思。比如，其样板间的设计有着多种款式，用户可以选择自己喜欢的款式进行现场体验，算是中途的休息。尽可能地在样板间中布置搭配的家居生活品牌，减少用户的选择焦虑。同时，当逛完宜家之后，还有价廉物美的餐饮。无论何时去，宜家的餐厅生意总是很好的，出口处还有超值的 1 元冰淇淋。这些主要归因于宜家将峰终定律运用得炉火纯青，整个购物体验路线的设计完美地体现了峰终定律模型。

另外一个案例就是迪士尼乐园。通常完整地游玩一次迪士尼乐园需要 10 个小时以上，游客的体力消耗非常大。而且迪士尼乐园的游客数量众多，在节假日或周末高峰期，迪士尼乐园的人流量会非常大，游客可能会感到拥挤不堪，甚至影响游玩心情，尤其是在热门项目上，排队时间可能会非常长。长时间的等待会让游客感到疲惫和不满，严重影响游玩体验。迪士尼乐园的门票价格相对较高，对于很多家庭和个人来说，这是一笔不小的开销。高价门票可能会让一些游客望而却步，除了门票价格，园内的餐饮、纪念品等消费价格也比较高，这使得游客在享受乐园服务的同时，需要承担额外的经济压力。在面对以上几个问题时，游客的体验可能会达到低到负峰值，情绪也会跌落到整个游玩过程中的最低谷，面对这样的用户痛点，迪士尼乐园提供移动应用程序，实时更新排队时间和游玩建议，帮助游客合理安排行程。提供不同种类和价格的门票选项，如平日票、高峰日票、年卡等，以满足不同游客的需求和预算。迪士尼乐园也会定期推出新主题的游玩项目和表演，增加乐园的新鲜感和吸引力，对工作人员还会进行培训和教育，确保员工具备良好的服务态度和专业技能。迪士尼乐园通过以上做法将游客的"终值体验"不断提升。此外，强化用户的"峰值体验"才是迪士尼乐园屡屡成为商学院经典案例的重要原因。比如，游客有机会亲身接触到和电影中一模一样的角色，并且和他们沉浸式互动留影，让每一个游客的童年梦想都得到守护。在一整天的游玩接近尾声，游客通常已经十分疲惫时，就会迎来盛大的烟花表演。迪士尼的烟花表演结合了高质量的烟花、先进的音响系统和灯光设备，烟花表演与音乐和灯光效果完美同步，营造出令人难以忘怀的氛围，为游客呈现一场震撼的视听盛宴。烟花表演通常以迪士尼的经典故事或电影为主题，故事叙述的方式让游客更加沉浸在迪士尼的魔法世界中，将故事情节呈现在夜空中，增强了游客的情感共鸣和参与感。这些活动以及服务细节都为游客带来了终生难忘的美好回忆和独特的观赏体验。

这对我们进行产品设计有着重要的参考意义，从用户的角度出发，设计出若干个令人印象深刻的峰值或是终值体验，将会让我们的产品从众多同质化类型中脱颖而出。如何绘制用户体验地图，再运用峰终定律创新用户体验设计？我们可以根据用户体验地图的组成部分进行梳理。

选定用户角色：明确用户画像中的用户特征和标签，包括用户是谁、解决什么问题、用户的目标、产品的整体目标、限定条件等，对用户群体、整个项目背景和共创任务目标有清晰、全面的认知。

选定起点终点，划分阶段：对用户在整个产品使用阶段进行划分，将用户的关键历程分为几个阶段。

用户行为：用户在产品使用的过程中，行为并不会按照固定的流程发生，而有可能是线性的、非线性的、基于时间的、循环的、往返的。

用户接触点：应描绘关键触点，识别和描述用户与产品或服务交互的关键触点，包括物理触点（例如网站、应用程序）和人际触点（例如客户服务等）。

情绪曲线：整理对应行为背后的用户疑问、用户感受、情绪，在这部分请客观地描述事实，切勿自说自话或是将自己的情绪代入其中，也不要急于猜想与分析，找到 MOT。

找到痛点和机会点：根据 MOT，发现让用户体验最好和体验最差的峰值，以及其他一些体验中带来负面情绪的时刻，发掘新的机会点，通过机会点寻找新的解决方案。

（三）定义问题——HMW 问题

通过使用以上两个定义问题的工具，我们的用户需求已经相对明确了，在对用户进行测试，或者向投资人介绍时，我们应该如何以一个问题的形式展示我们定义出的、想要解决的问题呢？

在整理这个问题之前，我们首先应该明确问题的类型，以及哪种问题是应该由设计思维来解决的。问题通常可以被分成三种类型。

1. 简单问题（simple problem）

这类问题通常答案是肯定的、唯一的，是多次被验证过且广为人们熟知的真理。简单问题通常具有明确的目标、清晰的方向和完整的路径，使得我们能够迅速找到问题的解决方案。这些问题具有已经解决了的、有效的解决方法，因果关系清晰且显而易见。例如问题：一加一等于几？

2. 复杂问题（complex problem）

复杂问题通常涉及多个相关因素，这些因素之间相互作用，问题因果关系往往不明确，可能存在多种可能的解释和解决方案。这类问题乍一看难以解决，但通过一定的方式方法或范式，仍然是可以解决的。例如问题：

抛物线 $y = 2x^2 + 4x + 10$ 的顶点坐标、对称轴、开口方向和最大值是什么？

3. 抗解问题（wicked problem）

抗解问题是指问题本身和解决方案都无法明确界定的问题，也就是难以被程式化的社会问题。其抗解性在于问题涉及多个利益相关者和不同价值观，没有根本原因和最佳解决方案，解决方式没有对错，只有好与不好。对于问题本身的不同定义决定了解决方案的方向，因此也没有范式可以参考。我们可以从不同的角度来看问题，没有单一清晰的解决方案，也没有永远不变的解决方案。例如问题：上下班高峰时期，如何让西安市民更加满意交通问题。

需要用设计思维来解决的只有抗解问题，也就是难以被程式化的社会问题。因为社会问题通常涉及多方利益，设计思维强调从用户角度出发，了解各利益相关者的需求，寻找共同的解决办法。同时，社会问题差异大，不能照搬别的范式来解决问题，需要具体问题具体分析，设计思维鼓励创新思维，通过打破传统思维模式，尝试新的方法和策略，寻找更好的解决方案。

在定义了想要解决的问题之后，大家也可以通过判断自己定义的问题是以上哪一种来判断，定义出的问题是否值得被解决。假如你发现定义的问题答案很简单且唯一，或者已经有现成的解决方式可以选择，那就说明你定义的问题缺乏对用户的理解，并没有发掘出一些潜在值得被解决的问题。

一个好的问题定义，可以从文字中看出对用户需求的洞察，因此，大家可以使用 HMW（how might we）格式来展示问题定义。HMW 问题是一种以"How might we"开头的问题，即"我们怎样可以"。这种问题强调的是一种开放性的思考方式。其特点在于它强调的是一种可能性，而不是一种确定性。它鼓励人们去尝试新的想法和方法，而不是拘泥于现有的解决方案。同时，HMW 问题也强调了团队合作的重要性，因为一个人的思维往往会有局限性，通过团队合作可以集思广益，找到更好的解决方案。以下是 HMW 问题的格式和范例：

- HMW [Action Verb] for a [User] who [Insight] and/or with [Need]
- 我们如何为[某类人群]解决[某类需求]在[某些方面]
- 关键词可以替换为：提高、保护、获得、减缓……

例如，如何为长期在户外工作的人群提供更便捷，低价的充电装置？如何为汽车驾驶员解决因视觉盲区造成的交通安全隐患？以及如何为做核磁共振的儿童创造一个更容易适应的环境？

四、设想

设想（ideate）是设计思维五步法的第三步，在进行移情、重新定义问题后，我们就找到了需要解决的关键问题，也就是用户群体的痛点。我们接下来需要做的就是尽可能地发散思维，进行头脑风暴，设想出尽可能多的创新性方案来解决问题。

（一）头脑风暴

在群体决策中，人们经常会屈从于权威或大多数人的意见致使不能做出真正有益的决策。为了发挥群体的创造性，获得更多个性化的思考，避免"群体思维"效应，头脑风暴（brain storming）成为一种有效的创意激发与决策手段。在头脑风暴的实施过程中需要遵循"IDEO 的头脑风暴七个原则"。

在进行头脑风暴前，需要挑选出一位主持人主持会议。主持者需要明确会议主题和讨论目标，营造轻松的氛围，并启发参与者提出各种各样的想法。

第一，暂缓评论（defer judgment）。

在进行头脑风暴的过程中，我们的目标是获得足够多的创意和想法，因此参与者需要鼓励所有想法，不否定任何一种思考，以确保参与者畅所欲言。所有参与者都应该放松心态，不要过分关注自己和别人提出的创意是否可行或者是否合适。因为只有在一个开放、自由、没有压力和批评的环境中，才能够真正激发人们的想象力和创造力。

第二，异想天开（encourage wild ideas）。

在头脑风暴中，任何看似荒谬或者无法实现的想法都应该被允许提出来。因为这些"疯狂"的想法可能会成为真正有价值的创意。

第三，借"题"发挥（build on ideas of others）。

头脑风暴的过程是一次团队知识共享的过程。比较理想的团队由一群知识背景、专业技能、兴趣爱好各不相同的成员组成。团队成员分享自己的知识和技能、前期调查结果、思考依据、创意和经验等，从而促使每一位参与者迸发出更多的思考和创意。

第四，不要离题（stay focused on topic）。

在头脑风暴过程中，主持人应该时刻把握讨论的走向，保证每一次讨论主题明确，避免偏离主题。

第五，一次一人发挥（one conversation at a time）。

在得到足够多的想法和创意后，主持人需要引导所有成员一起对所有的想法和创意进行优先级排序，并探讨可行性，最终确认方案。在头脑风暴过程中，参与者之间应该相互激发，相互启发，不要局限在自己的思维模式中，才能够产生更多、更好的创意。

第六，图文并茂（be visual）。

在头脑风暴过程中，每一种想法都应该被记录下来并且展示在公共区域，实现视觉化呈现，从而确保讨论时刻聚焦于目标、关键问题。参与者应该尽可能地使用图表、图片、颜色等视觉元素，来帮助表达和展示自己的创意。因为视觉化可以更好地激发人们的联想和想象力。

第七，多多益善（go for quantity）。

在头脑风暴的过程中，参与者应该尽可能多地提出创意，不要拘泥于某一个想法或者某一个方向。因为只有在产生大量创意的基础上，才能够选出最好的那一个。

（二）启发创新的思维工具——加减乘除策略

如果基于我们的经验和现有条件无法创新性地解决关键问题，我们就需要新的思路或产品去解决它。是什么阻碍了创新？德鲁·博迪（Drew Boyd）和雅各布·戈登堡（Jacob Goldenberg）在《微创新：五种微小改变创造伟大产品》一书中提出"结构性固着"的概念。书中指出，"人们倾向于把物品看成一个整体，当物品的某个部件不复存在，或是这个部件的安装方式发生了改变，人们就会觉得不自在，会产生思维障碍。"依据概念我们可以看出结构性固着是一种思维定式，创新的本质就是要克服"结构性固着"。《微创新：五种微小改变创造伟大产品》一书为我们呈现了一些行之有效的策略，这些策略可以帮助我们突破结构性固着的思维障碍以达到创新的目的，接下来我们就对其中的四种策略进行介绍，它们被统称为"加减乘除"策略。

1. 加法策略

加法策略是指给改造对象增加某项功能或服务，或是给其内部的某个组成部分增加某种功能或分配更多任务，以实现 1+1>2 的策略。让我们通过下面这个案例来更好地理解加法策略。

案例分析：20 世纪 90 年代初，苏格兰导演约翰·道尔（John Dall）在英格兰乡间的一家小型演出公司供职。在其供职期间，如何以低成本制作出令观众喜闻乐见的音乐剧成为了他面对的主要问题。由于要花钱聘请乐手，音乐剧的成本比传统舞台剧高许多，道尔想办法把这笔费用省了下来，将音乐伴奏的任务分配给了演员，要求演员们既要演戏又要弹奏。2004 年，道尔导演的音乐剧《理发师陶德》在英格兰纽伯格的沃特米尔剧院上演，这个剧目以其独特的舞台设计和角色安排让人眼前一亮，很快被搬上了伦敦西区和百老汇的舞台。2006 年，道尔因在《理发师陶德》中运用的"演员兼乐手"式的表演形式获得托尼奖"最佳导演奖"。

上述案例中的演员是传统音乐剧中的一项内部资源，导演约翰·道尔给这一内部元素分配了新的任务，即音乐伴奏。这一举动不仅降低了音乐剧演出的成本，更使得该剧目带给观者耳目一新的体验，因而获得了令人意想不到的效果。

案例分析：随着生活水平的提高，人们对于家居环境的整洁度也有了越来越高的要求。家居收纳类产品迅速成为各电商平台非常重要的销售品种。在收纳物品的过程中，很多难题有待解决，例如收纳空间不足、很多衣物和小物件在被收纳后总是被遗忘等。如何解决这些问题成为家居产品的设计难点。某公司生产的一款空气压缩带，不仅可以压缩掉棉被、羽绒服、毛绒玩具中多余的空气，节省收纳空间。同时，每个压缩袋都配有独立的二维码，用户可以扫码记录每个压缩袋所在的位置及其所收纳的物品。通过在产品原有功能上做加法，既解决了物品收纳的难题，又方便了物品的查找，一举两得。

阅读该案例，和你的同伴聊一聊在该案例中是如何运用加法策略的？

2. 减法策略

减法原则与加法原则正好相反，是通过减少产品的某项内容、功能或服务，以达到更好的效果或提高收益。在这个策略中，我们减去的部分可能是原本不必要存在的元素，或者是消耗过多、产出与投入不成比例的部分，甚至有时减掉的是一些原本被认为是必不可少的基础部分。

案例分析：连锁理发店"台湾快剪"就是运用减法策略在低迷的市场环境下创造出商业奇迹的。这家理发店的选址均在超市、地铁站等人流量大的公共区域，面积只有十多平方米，每家店有两三名理发师。男女剪发一律10元，顾客在店门前的自助缴费机上自助缴费，然后凭票等候剪发。店内没有烫发和染发服务，也不提供洗吹。理发师用剪刀、梳子、电动理发器为客人"干剪"，剪完头发后，用悬挂在镜子上方的毛发吸收器吸走散落在顾客身上的碎发，整个理发过程 10 分钟左右便能完成。这个不起眼的小店，在高峰时段可以创造 4000 元左右的日营业额，每月收入超过 10 万元，年收入高达 100 多万元。"台湾快剪"在中国台湾有接近 200 家店，2011 年底登陆厦门，目前在中国大陆已经有 400 多家门店，年收入上亿。

上述案例中，不同于大部分美发行业越来越精细化的服务，"台湾快剪"反其道而行之，减去了烦琐的吹洗服务，放弃了高利润的染烫项目及高大上的装修风格，只满足客户最基础的需求——剪发，降低经营成本，精准定位目标客户，以量取胜，实现了超额盈利。

3. 乘法策略

乘法策略是指对原有产品进行分解，将分解后的某一部分进行复制，复制后重新合成为一个拥有新特征或优势的产品。大家熟悉的很多产品都是运用乘法策略实现迭代更新的，例如男士用的剃须刀，从单片刀锋升级成多片刀锋，从单头升级为多头；再例如我们的手机，从单个摄像头升级为带有自拍功能的前置加后置摄像头，继续复制摄像头便有了可以拍摄近景、远景、广角、自拍的多个摄像头的拍照手机。

案例分析：宝洁公司的一名药剂师在一次实验中意外发现羟丙基 β 环糊精这种化学物质具有祛除异味的功效，宝洁公司敏锐地嗅到了其中的商业价值，并迅速地成立团队开发除臭产品，最终成立了旗下品牌"纺必适"（Febreze）。随着市场需求越来越多元化，单一的除臭剂已经无法满足人们对于生活品质的追求。在听过雅各布·戈登堡关于"创新思维"的演讲后，宝洁公司的管理者邀请了这位"创新大师"来到纺必适开展工作坊，为该品牌除臭产品的革新进行创新启发。

雅各布给出的建议的第一步是分解产品，列出产品的所有组成部分。该除臭产品分解后的组成部分包括一瓶装有除臭剂的液态香精、容器瓶、外壳、插头和电热丝。第二步，选择其中一个组成部分进行复制。复制是乘法策略中最关键的一步，也是乘法策略的核心。最终，工作小组选择了

"容器"这个组成部分进行复制。第三步,重新组合产品。在重新将零件组合后,他们得到了具有两个容器的空气清新剂,至于这两个容器瓶需要装什么物质,是接下来需要重点讨论的内容。第四步,根据市场需求重新定义产品优势。该小组针对这个已具备雏形的"新"产品进行了头脑风暴,讨论这两个容器的用处。有人认为,两个容器可以装不同香型的香精,让两种香味交替发热散味。有人认为两种香型可以自由混搭,给人新的嗅觉冲击。第五步,可行性改进。在经过小组头脑风暴后,大家一致赞同双重香型的想法。接下来便是明确可行性。最终,小组决定给两个容器分别装入除臭剂和清新剂,交替加热,散发香气。几个月后,宝洁公司的新产品"纺必适提神清新剂"问世,销量达到了其他所有空气清新产品的两倍之多。

4. 除法策略

除法策略的第一步需要将某个产品按照功能或实体进行分割,然后挑出产品的某个功能或组成部分,改变其位置,从而重组成新的产品或为产品带来新的功能。例如老少皆宜的乐高玩具便是利用了除法策略,将一个模型拆分成无数小的模块,游戏者可以发挥想象将这些小模块再次拼成任意新的模型。这是通过对原模型进行物理分割与重组实现的创新。再如分时收费的短租酒店或公寓。它们不同于传统的酒店或长租房,这些分时收费的短租酒店和公寓将自己的出租时间拆分成不同的时段,租客根据自己的需求分段租用,租客在租用时间内享有住宿权和其他相关权利。也就是说,所有权利按照不同的时间被分给了不同的对象。这也是除法策略的一种表现形式。让我们通过电视遥控器和冻干粉这两个案例来进一步理解除法策略。

案例分析:世界上第一款真正意义上的电视多功能无线遥控器诞生于1961年,它是由美国 RCA Victor 公司发明并生产的,虽然形状厚实,但常用的切换频道、声音大小调整、色彩、亮度等调节功能都已具备,几乎与现代电视遥控器无异。这项发明创造的理念与除法策略不谋而合，是将电视的按键从电视机体上拆解出放置到新的便携式可移动的装置上，最终实现了功能上的创新。

冻干粉是美容行业现下非常流行的一个概念，它是通过冻干技术先将美容液里面的水分冻结，然后在真空无菌的环境下将被冻结的水分升华，从而得到冷冻干燥的粉末状制剂，这样既可以在无添加剂的情况下保留药物的生物活性，又便于存储和运输。商家将制好的冻干粉和与冻干粉搭配使用的溶剂分装在两个密封的药瓶中，使用者只需在使用时将两者融合在一起，便可以使用到新鲜的美容液。

阅读以上案例，和你的同伴聊一聊在以上两个案例中对于除法策略的使用有何不同？

在《微创新：五种微小改变创造伟大产品》一书中，作者将除法策略分为三种类型，即功能性除法（电视遥控器）、物理型除法（乐高玩具）和保留型除法（分时段酒店），但无论哪种类型，最关键的一步是挑选出关键功能并对其进行重组。

最后，让我们来总结一下，加减乘除策略通用的基本操作步骤：

第一步，分解产品，列出产品的所有组成部分。

第二步，选择其中一个组成部分，对其进行加减乘除策略的运用。

第三步，重新组合产品。

第四步，重新定义产品优势和市场定位。

第五步，通过改进产品提高可行性。

在实际操作过程中，加减乘除策略常常是可以混合使用的，因此我们无须拘泥于判断究竟需要采取哪种创新策略，而是应当将这些策略作为启发我们创新的一种思路。正如华罗庚所说："人之可贵在于能创造性地思维。"

五、原型制作

原型（prototype）制作是设计思维五步法的第四步，其具有非常重要的意义。首先，原型指的是一种初步、可测试的产品或服务模型，用于验证设计概念的可行性和用户反馈，制作原型的过程是将想法和创意从大脑向现实落地的可视化过程，它可以更加直观地展示产品的特性。其次，在产品被投入市场前，我们需要不断对产品进行测试，验证设想是否可行。原型允许设计者在早期阶段发现和修正问题，而不需要等到产品或服务完全开发完成，因此原型可以验证产品的可行性。另外，通过原型制作，我们可以不断确认或否定设想，并且进行二次设想，不断迭代更新，优化产品性能。最后，原型制作的意义在于，通过可视化的手段，用较低的成本、在较短的时间内制作简易模型，快速试错，为测试做准备。

（一）原型的类型

在设计思维中，产品原型的类型可以根据不同的目的和阶段进行分类，以下是一些常见的原型类型。

概念原型（concept prototype）：这是最早期的原型，即纸面原型，主要用于验证设计概念的有效性和吸引力。概念原型通常非常简单，可能只是一个草图、线框图或简单的 3D 模型。它们的主要目的是帮助设计者和利益相关者来理解设计的基本逻辑和方向。这种原型的制作是最简单的，大多数可以在纸面上完成。但大家不要轻视它的作用，即使在谷歌这样的大型公司，在设计一些产品之初也会采用这种方式来制作产品原型，因为它简单、易于修改。

可视原型（visual prototype）：可视原型主要关注产品的外观和用户体验。这种原型通常使用高保真度的设计工具和技术来制作，属于数字模型，如交互式设计软件、3D 建模工具等。可以将纸面上的设计和预期转化成更流畅、更立体、更美观的形式。可视原型的目的是帮助设计师和用户更好地理解产品的最终外观和交互方式。

功能原型（functional prototype）：功能原型即实物模型，它更注重实现产品或服务的基本功能。这种原型通常更加复杂，需要投入更多的资源和时间来开发。功能原型的目的是验证设计的可行性和功能性，比起概念原型，它看得见摸得到，可更直观地让设计师和用户接触并体验到产品功能，更高效地发现问题和提出意见，以便在后续阶段进行改进和优化。在这个阶段比较考验设计者的动手能力，设计者可以根据产品特性，采用较易获得的原材料进行制作，如纸箱、吸管、轻黏土等。

需要注意的是，这几种原型的类型并不是孤立的，它们在设计思维过程中可能会相互重叠、转化或组合。设计师通常需要根据项目的具体需求和阶段来选择合适的原型类型，以便更好地推动设计进程和满足用户需求。

（二）原型的制作过程

那么，我们应当如何制作原型呢？

第一步，确定原型的目的和需求。这有助于选择合适的原型类型和工具。然后就可以绘制草图。在头脑风暴过程中，我们就可以着手绘制草图。运用便利贴、大白纸、画板等工具，最大限度地展示出产品的外观、特性、功能、优势、市场定位、目标用户等信息。在制作草图时，无须拘泥于某种特定的表达方式，只要能够直观展示出产品信息即可。

第二步，制作原型。根据草图制作产品模型，使产品更加具象化。此时的产品模型既可以是完全复刻的产品原型，也可以是按比例缩小的产品模具。我们需要根据产品的特性选择原型产品的材质、大小、精准程度等。制作产品模型的目的不是为了复刻产品，而是为了具象化展示产品特性，为用户测试做准备。根据原型类型和需求，选择适合的工具和技术。例如，对于概念原型，可以使用草图、线框图或简单的3D建模工具进行绘制；对于功能原型，可能需要使用编程语言、原型设计工具或 3D 打印技术来制作；对于可视原型，可以使用交互式设计软件、UI/UX 设计工具等来制作。

制作原型是一个迭代和学习的过程。不要期望一开始就制作出一个完美的原型，而是通过不断地尝试和改进，逐步完善设计。同时，保持与团队成员和用户沟通，收集他们的反馈和建议，以便更好地改进和优化原型。

第三步，测试原型。测试原型用于在真实或模拟环境中进行用户测试。这时原型通常已经具备了产品的基本功能和外观，可以进行实际的用户交互和反馈收集。测试原型的目的是帮助设计师发现潜在的问题和改进点，以便在最终产品发布前进行修复和优化。

六、测试

在设计思维中，测试（test）是一个至关重要的环节。它不仅是对设计成果的检验，更是对整个设计过程的反思和优化。通过测试，设计师能够收集到关于产品或服务的实际使用情况和用户反馈，从而发现潜在的问题和改进点。

测试在设计思维中扮演着多重角色。首先，它是验证设计假设和理念的有效手段。在设计初期，设计师会基于对用户需求和问题的理解提出一系列假设和解决方案。通过测试，这些假设可以得到验证或反驳，帮助设计师明确设计方向。其次，测试有助于发现设计中的缺陷和不足。无论是功能上的缺陷还是用户体验上的问题，通过测试都可以暴露出来。这为设计师提供了改进和优化设计的依据，确保最终的产品或服务能够满足用户的需求和期望。此外，测试还是设计迭代和持续改进的驱动力。通过测试，设计师可以收集到用户的反馈和建议，了解他们在使用产品或服务过程中的痛点和需求。这些反馈为设计师提供了宝贵的改进方向，推动设计不断优化和迭代。

测试是设计思维五步法的最后一步。制作好原型后，我们就可以开始测试产品了。我们首先可以在团队内部进行角色扮演，这其实再一次让我们回到了移情环节，让自己站在用户的立场对产品进行提问并寻找缺点；其次，我们可以找到最初制定方案时选择的目标群体，向他们展示产品原型及其运作原理，同时设想一定的使用场景，最终获取反馈。测试的过程不会一帆风顺，当测试失败时，我们需要找到创新产品存在的问题与瓶颈，继续设想，甚至重新定义问题，直至问题解决。

测试的过程既是检验产品可行性的过程，也是发现问题、解决问题的过程。它能够帮助设计者更加客观地看待产品，避免其因个人喜好、情感或经验对产品产生盲目自信，并且测试能够通过较低的时间成本和金钱成本实现产品迭代升级。

作为总结，让我们重新梳理一下设计思维的五个步骤，即移情、定义、设想、原型制作和测试。需要特别注意的是，这五个步骤并不是单一的、线性的流程，其在实施过程当中可能是穿插、交汇进行的，因为当某个步骤的实施出现困难时，我们往往需要通过完善其他环节去解决这个难题。例如，在产品原型制作环节和测试环节中发现错误，我们往往需要再次设想，甚至通过移情重新定义问题。设计思维是一种伟大的思维方式，每一个环节的学习都能让学习者从中受益。它不仅可改变我们对周遭事物的思考方式，更为改变这个世界提供了无限可能。

本 章 小 结

1. 设计思维是一种强调发挥团队力量与智慧的创新思维与创新方法，其核心特点为充分考虑"人的需求、人的体验、人的感受"。

2. 设计思维重在解决抗解问题。

3. 抗解问题具备三种特质：抗解问题中一定涉及多个利益相关者；对问题本身的不同定义决定了解决方案的方向；解决方式没有对错，只有好与不好；从不同的角度来看问题，没有单一清晰的解决方案，也没有永远不变的解决方案。

4. 设计思维五步法为移情（empathize）、定义（define）、设想（ideate）、原型制作（prototype）、测试（test）。

5. 移情的三种方式为跟踪与观察、沉浸式体验、调查与访谈。

6. 定义问题的工具为绘制用户画像。

7. 启发创新思维的工具为加减乘除策略。

8. 头脑风暴七原则能有效保证产生尽可能多的创新性方案来解决问题。

第五章　让创新成为习惯——工具运用

本章导读

坚持创新在我国现代化建设全局中占据着核心地位。培育创新文化，弘扬科学家精神，涵养优良学风，营造创新氛围能够有效保障创新事业的发展。同时，也要扩大国际科技交流合作，加强国际化科研环境建设，形成具有全球竞争力的开放创新生态。掌握创新方法，学会使用创新工具，在很大程度上能够提升我们的创新能力。

我们了解了关于创新的基本理论以及创新的路径，具备了一定的创新思维意识。接下来，我们将介绍一些具体的创新工具，这些创新工具能够在不同程度上帮助我们提升创新效率，强化创新效果，让创新成为具有操作性且可控的过程。

第一节　头脑风暴法

在我们学习并试图运用批判性思维进行思考时，总会听到"头脑风暴"这个词汇。头脑风暴法的正确使用能够帮助我们实现批判性思考，使我们的批判性思维能力得到极大的提升，是批判性思考者进行理性思考时经常使用的工具，那么到底何为头脑风暴法，头脑风暴法应当如何使用并且该方法为何能够助力我们获得批判性思维能力呢？在本小节中，我们将对这些问题进行解答。

一、头脑风暴法概述

（一）头脑风暴法的含义

头脑风暴法（brain storming）这一概念是由美国 BBDO 广告公司创始人亚历克斯·奥斯本（Alex Osborn）首创。就其含义来看，该方法是指各个人员在正常融洽且不受任何限制的气氛中以会议形式进行讨论、座谈，以期打破常规，积极思考，畅所欲言，充分发表看法的一种组织方式。

所谓头脑风暴最早是精神病理学上的用语，指精神病患者的精神错乱状态，如今该词的含义变革为无限制的自由联想和讨论，其目的在于产生新观念或激发创新设想。在群体决策过程当中，受人类社会屈从性以及群体其他成员思维的影响，对于大多数人而言，在进行决策时容易追随权威或大多数人意见，形成所谓的"群体思维"。在决策过程当中，这种群体思维会削弱整个团队的批判精神和创造力，甚至会对决策的质量以及理性程度产生极大的影响。因此，为了保证群体决策的创造性，提高决策质量，管理者及相关学者设计了一系列改善群体决策的方法，头脑风暴法是较为典型的一种决策方法。

（二）头脑风暴规则说明

在很多时候，头脑风暴法被用来提升决策的创新性。蒂姆·布朗在《IDEO，设计改变一切》一书中提到："头脑风暴法之于创造力，就像体育锻炼之于保持心脏健康一样至关重要。它是一种突破框架的具有条理的方法，并且需要大量的练习才能够被熟练运用。同时，我们不能忽视的是，就像任何一项体育运动一样，对于头脑风暴法的使用也需要遵循一定的规则。这些规则准备好了场地，团队成员可以在其中高水平地发挥。没有规则，也就没有供团队合作的框架结构。缺少了规则的头脑风暴将退化为普通的、毫无成果以及说的人多、听的人少的混乱聚会。"通过蒂姆·布朗的生动比喻，我们可以深刻地感受到规则之于头脑风暴法运用的重要性。那么，使用者应当遵循哪些规则以保证头脑风暴法的有效使用呢？

纵览头脑风暴法成功使用者的著述，均对头脑风暴法的使用规则进行了介绍。因不同的使用者对于规则的界定略有差异，在本书中，我们将众多规则进行提炼呈现给大家。

（1）暂缓评价，延迟评论。禁止输出负面评价。头脑风暴法旨在创设一个充分放松的环境，以使参与者集中精力开拓自己的思路，提出不同的意见及建议。在使用头脑风暴的过程当中，任何人都不得对其他人的想法进行批判，更不能够阻拦其他人的发言。即使面对自认为是荒谬的、不切实际的言论也不能够对其进行驳斥。通过此规则，使各个参与者的积极性得到充分的调动，避免因负面评价产生的对于创新性思维的抑制作用。

（2）追求数量，多多益善。在进行头脑风暴的过程当中，参与者应当紧扣主题进行讨论。在明确目标主题的基础之上，追求想法的数量，越多越好。各位参与者可以畅所欲言、任意思考。在此环境之下，启发参与者思考出更具备新颖性及独特性的点子。

（3）人人平等，一人发言一次。参与进行头脑风暴的人员，无论其背景为何，只要在讨论小组当中便要受到同等的对待。无论参与讨论的人员是该方面的专家抑或是其他领域的学者、外行，所有人享有同等的发言机会并且所有人的想法都会被完整地记录下来。在这里需要注意的是，在进行发言时，参与人员务必要实现独立思考，不允许私下与其他成员进行商议或交谈，尽最大的努力避免受到其他人的干扰。

（4）团队优先。由于每一次头脑风暴均是以小组为单位进行，因而参与人员应当将个人的利益得失抛之脑后，以小组的整体利益为重。这就要求每一位参与头脑风暴的人员需要注意倾听并且看到别人对小组的贡献。在头脑风暴实施过程当中，应当尽力创造一个民主友好的环境，不以多数人的意见阻碍个人观点的产生，组内应当充分鼓励并激发每位小组成员生成更多的想法。

蒂姆·布朗在其书中提到："在 IDEO 公司，我们有头脑风暴会议专用的房间，头脑风暴的规则清清楚楚地被写在房间的墙上。这些规则可以保证每个参与者都对先前提出的想法有所贡献，这样整个会议才有机会向前推进。"

在《IDEO，设计改变一切》中，蒂姆·布朗围绕一个真实的案例向人们说明了如何正确使用头脑风暴法实现创新。接下来，通过对该案例的引用，让我们一起深入了解头脑风暴法。

IDEO 设计背后的故事：不久前，我们需要为耐克设计一款儿童产品。虽然我们的员工中有很多经验丰富的玩具设计师，但有时聘请专家来帮助我们也是很有益处的。于是，周六早间卡通节目结束后，我们邀请了一群 8~10 岁的孩子来到了位于帕洛阿托的工作室。用橙汁和吐司为他们热身之后，我们将男孩和女孩分开，把他们带到了不同的房间并向他们进行说明，邀请孩子们进行了大约一小时的头脑风暴。当把结果收集起来之后，我们发现两组孩子生成的结果差异非常明显。女孩子们提出了 200 多个想法，而男孩子们仅仅提出了 50 个想法。造成该结果的原因是这个年纪的男孩子很难集中精力倾听别人说话，而仔细聆听他人的发言正是进行有效头脑风暴的重要规则之一。

针对以上案例，蒂姆·布朗做出评价："我的任务并不是去判断这种不一致是由基因遗传、文化规范还是出生次序决定的，但是我可以说，我们在这两个并行的头脑风暴中所看到的是真凭实据，展现了在他人想法基础上思考的力量。男孩子急于表达自己的想法，几乎注意不到其他参与头脑风暴会议的同伴的想法；而女孩子在未经暗示的情况下，进行着充满热情但连续的交谈，每一个新想法都与前一个刚提出的想法有关联，而且为下一个想法的出现提供了助力。她们一个接一个，如接力般谈论着这些想法，其结果便是产生了更多更好的主意。"

综上所述，我们可以看出头脑风暴法是一个帮助人们生成新想法的工具。在使用头脑风暴的过程当中，需要严格遵守规则以达成有效使用该工具的目的。

二、头脑风暴、批判性思维与创新思维

我们目前已经对头脑风暴有了大致的了解。但是了解之后，部分人仍旧心存疑惑，纵使头脑风暴法是一个有效的工具，但看起来更多的是让我们的思维进行发散，似乎与批判性思维并不相关。那么，在使用头脑风暴的过程当中，批判性思维是否发挥着作用呢？与此同时，我们又是如何通过头脑风暴提升创新思维的呢？

首先，我们十分开心大家能够提出这样的问题，这说明大家在学习时进行了深入的思考。我们必须承认的是，单单从表面来看，头脑风暴法的确与批判性思维缺少关联。头脑风暴法鼓励参与者生成新想法、创造新点子，而批判性思维鼓励思考者审慎、理性地进行分析与评估。但从这点来看，头脑风暴属于对于发散式思维（divergent thinking，又称辐射思维、放射思维、扩散思维或求异思维，是指大脑在思考时呈现的一种扩散状态的思维模式）的运用，批判性思维则属于汇聚式思维（convergent thinking，又称为求同思维法、集中思维法、辐合思维法和同一思维法等。汇聚式思维是把广阔的思路聚集成一个焦点的方法，它是一种有方向、有范围、有条理的收敛性思维方式，与发散思维相对应）。两者似乎分属于两种背道而驰的思维形式。

在《IDEO，设计改变一切》一书当中，对于汇聚式思维以及发散式思维进行过一个生动的比喻，蒂姆·布朗在其中提到："想象一个漏斗，开口较大的那端代表范围很广的初始可能性，而开口较小的那端则代表经仔细汇聚后的解决方案。"在这段比喻当中，开口较大的一端便是发散式思维，而汇聚式思维便是开口较小的一端。这也就意味着，汇聚式思维的作用是帮助人们寻找到解决问题的有效方案，而发散性思维则是在解决方案形成

之前，提出更具备创新性的选择。因而，我们可以说，汇聚式思维是建立在发散式思维基础之上的。只有经过了充分的发散，我们才能够得到唯一、最优化的结果。这便是头脑风暴能够帮助我们形成创新性的、理性的解决方案的理论基础。

但是需要特别注意的一点是，我们在使用发散性思维时生成的想法一定要切合实际。同时，我们也需要意识到，更多的选择便意味着更加复杂的筛选过程。因此在进行思维的发散与汇聚过程当中，我们务必将理性思维贯穿始终，在此基础之上，将思维进行发散，创造更多切实可行的可能性，做到汇聚与发散相融合，理性思考与创新思维相结合。

第二节 思维导图

思维导图是帮助创新的另一有效工具。但是在运用思维导图的过程当中，部分使用者对其与创新的关系不甚明晰，甚至有部分使用者对思维导图是否能够激发创新思维保持怀疑态度。基于以上问题，我们将在本节当中对思维导图的内涵、绘制方法以及思维导图为何能够激发创新思维进行介绍，以期解答大家的疑惑。

一、思维导图的界定

思维导图（the mind map）又被称为心智图，是表现发散性思维的有效思维工具。由东尼·伯赞（Tony Buzan）所创造。东尼·伯赞因创造了思维导图被人们称为"大脑"。一个完整的思维导图集数字、文字、图形、符号、颜色等于一体，是图形的集合。在对思维导图的绘制过程当中，内容由一个中心点不断向外延伸发散，各级要素的层级关系在思维导图当中相互关联表现出来。该工具能够帮助学习者对学习内容和思维过程进行记录。思维导图利用全脑思维模式，充分激发左脑思维潜能和右脑创造潜能，利用视觉化的方式将文字、图形、层次、维度以及空间等统一起来，对其进行有效利用能够提高认知、逻辑、思考、记忆的质量与效率，从而提升学习效能及创新思维能力。因此，思维导图也被描述为"大脑瑞士军刀"。

在东尼·伯赞的著作《思维导图》一书中提到，思维导图是用图来表现的发散性思维。通过捕捉和表达发散性思维，思维导图将大脑内部的过程进行了外部的呈现。从本质上讲，思维导图是在重复和模仿发散性思维，这反过来又放大了大脑的本能，让大脑更加强大有力。

二、思维导图的绘制

我们现在已经了解了思维导图的含义，那么应当如何绘制一个标准的、有效的思维导图呢？东尼·伯赞提到："在对思维导图进行制作时，制作者越有新意越好。"绘制者可以通过添加颜色、图片或者维度来丰富思维导图。绘制者也可以通过添加特殊代码前后对照各内容分支，或者添加各种特征让思维导图个性化。因人类的大脑对于图像和颜色的反应更加强烈，因此绘制者应当尽可能地赋予思维导图的视觉冲击力，以求增强其效果。思维导图的绘制越有新意，其呈现的效果就越好。在接下来，我们将基于东尼·伯赞的观点，总结思维导图的绘制步骤。

步骤一：对中心图或中心词汇进行绘制

在进行思维导图的绘制过程当中，图像是必不可少的元素。相比于文字而言，图像对眼睛以及大脑的吸引力更加巨大，并且对于图像的正确使用能够有效地触发大脑进行联想。

在绘制思维导图的过程当中，存在一些格外重要并且关键的概念或者词汇，我们将其称为"中心词"。"中心词"在思维导图的绘制过程当中处于绝对的统领地位，可以说其他概念或思维都是基于"中心词"衍生出来的。因此，对于"中心词"的正确处理方式是将其放置于思维导图的正中位置并辅以相应的图像，这个图像称为"中心图"。如果无法生成合适的图像，那么可以通过增加中心词的层次感或者色彩来强调它的重要性，吸引大家的注意。

步骤二：基于"中心词"为思维导图添加分支

基于大脑的运作模式，人类的大脑会倾向于通过词汇和意象来填充思维上的空白以补全整体。譬如，当我们在阅读小说时，即使正在阅读页面的最后一句话并不完整，在翻页之前便能够补全该语句，又或者即使一段话中文字的顺序被打乱，但我们的大脑仍旧能够迅速按照文字应有的顺序将其重新整合为连贯的语句。我们将人类大脑的这种倾向称为"格式塔"。

思维导图正是基于"格式塔"原理产生的。当确定中心词后，我们的大脑会自动对中心词的相关概念进行补全，也就是我们通常所提及的"发散思维"或是"联想"。而大脑的发散结果或是联想结果便构成思维导图中的分支。因此，基于中心词所产生的每一个联想都可以在思维导图之上为其生成一个分支。反过来，这些层层递进的分支又构成了思维导图的基本结构。"通常情况下，好结构按照大脑的自由联想就可以自然形成。你可以在分支之间自由移动，也可随时回到前一个分支添加新内容。"

步骤三：构建分支之间的联系

想要理清各分支之间的关联，我们必须先对分支的主次进行正确区分。

在一个完整的思维导图当中，我们可以将分支划分为不同的级别：从中心词直接延伸出来的分支称为"主枝干"，由主枝干延伸出的分支称为"二级枝干"，依此类推，层层递进。我们可以将思维导图想象为一棵枝繁叶茂的参天大树，分支便是其层层枝干，循序渐进，无限延伸。

在我们确定好主枝干以及次级枝干后，便可以构建分支之间的连接了。每个分支必然和其他分支之间具备一定的相关性，基于此相关性，我们在绘制思维导图时可以利用连线、图像、箭头、代码或者颜色将这些相关性表现出来。在我们表现分支之间的相关性时，相同的文字、概念或词汇可能在不同的分支上出现，这时需要意识到这些重复并非不必要的重复，正是这些重复带领着我们的思维走向完善并在主题之间自由穿行。

步骤四：依据概念以及概念之间的联系对相关图像进行绘制

大量实践以及研究表明，色彩以及图像是增强人们记忆最有效的工具。因此，为了最大限度地对我们的思维产生刺激，在进行思维导图绘制时不仅需要将思维的发散性以文字的形式展现在导图当中，还需要"运用通感"，更多使用能够调动起感官的元素，图像便是其中之一。

需要特别强调的是，这里所说的"图像"并非我们通常所理解的狭义的图像。思维导图中的图像涵盖多种要素，包括导图绘制过程中出现的图形，导图绘制过程当中使用的字体，甚至是导图当中线条的呈现都可以被归为这里所说的图像。

在进行图像绘制时需要注意以下几点，以便帮助我们更好地进行思维导图的绘制。

第一，在整个思维导图的绘制过程当中都要使用图像。图像对于我们思维的积极作用在前文已经进行了论述。我们在这里只引用博赞在《思维导图》一书中对于图像意义的论述："在思维导图中使用了图像后，你会更加注意现实生活，进而努力提高描述真实事物的能力。你有机会像达·芬奇一样通过观察、学习、分析和模仿来开发你的感官能力。"

第二，在图像的绘制过程当中尽量使用多种色彩。明亮的色彩能够增强人们的记忆力与创造性，使我们绘制的思维导图更加生动有趣。在日常生活与教学过程当中，我们经常能够接触到使用软件生成的、以黑白色调为主的思维导图。此类思维导图可能在概念的阐明或是概念之间联系的构建方面并不存在错误，但绘制人在绘制的过程当中却忽视了思维导图最主要的目标，即一是通过亲手绘制充分地激发我们的思维，使思维得到最大限度的发散；二是通过对色彩图像的描绘增强思维导图的生动性，跳脱出呆板的思维方式从而使思维得以活跃。

第三，绘制图像时应当注意"层次感"。思维导图的层次感是指突出应当突出的重点，点明概念之间的关联。如何做到这点我们可以从思维导图当中的字体、线条入手进行绘制。在进行字体以及线条的绘制过程当中，我们要时刻注意调整字体与线条的大小，使他们更加丰富地出现在思维导图上。变化绘制对象的大小能够清晰地表明其层次感。对象越大，说明其需要被突出与重视，该对象越重要。同理，在进行线条的绘制时也应遵循该原则，离中心越近的线条应当越粗，离中心越远的线条应当越细。这种粗细变化能够向我们的大脑传递这样一个信号：注意中心思想的重要性！

第四，避免陷入绘制思维导图的误区。在进行思维导图的绘制过程中，绘制者往往会陷入一些误区。具体来说，绘制误区包括以下三种：错误地将其他种类的表格当作思维导图；在思维导图绘制的过程当中大量使用词组以及句子；态度误区。

我们首先来就第一个误区进行讨论。在日常绘制思维导图的过程当中，许多人为追求所谓的"高效"或"整洁"，便利用一些绘图软件对思维导图进行绘制。但事实上，很多绘制者在绘制思维导图之初并未能够对思维导图有一个清晰的认识，甚至部分绘制者不明思维导图为何物。在此背景之下，人们在绘制的过程当中往往将思维导图与其他图表（如流程图、鱼骨图、概念图）等进行了混淆，导致绘制出"虚假"的思维导图。

接下来，我们来探讨第二个误区，即在绘制思维导图的过程当中倾向于使用词组或句子。绘制者陷入该误区背后的心理活动也很好理解。大部分人都秉持着这样的观点：相较于一个单一的概念，词组或句子能够更加精准、客观地对客体进行描述。为追求精准与严谨，词组与句子往往会大量出现于思维导图之中。但是，需要再次提醒诸位的是，绘制思维导图的目的之一是帮助我们的思维充分地发散，词组以及句子的确能够对事物进行精准的描述，但也正因为此，它们限制了思维发散的自由度，换言之，词组与句子不能够为思维提供一个开放的漫游空间。

最后的误区便是绘制思维导图过程中的态度问题。或许有人会对此类问题嗤之以鼻，认为态度问题并非致命问题。但在无数次的实践过程当中我们发现，是否能够绘制出高质量的思维导图的关键取决于绘制者的态度。通过观察，我们发现在绘制思维导图的过程当中容易产生的负面情感主要是认为"绘制思维导图毫无意义"，产生这种负面情绪的根本原因恰恰与思维导图最显著的特点相关联。部分人认为，思维导图过于杂乱，缺乏逻辑性与条理性，因此绘制思维导图并不能使自己的思维清晰化、条理化。我们必须指出，在这种认知当中存在两个错误：第一，绘制思维导图最主要的目的并非将思维进行清晰化或是条理化地呈现，其主要目的是激发我们的灵感，帮助我们发散思维；第二，思维导图最初呈现出的效果便是我们的思维过程，如果思维导图缺乏条理化与清晰度，那么说明我们的思维是欠缺条理性以及清晰度的。这时，绘制者应当基于思维导图呈现出的最初效果对其进行调整，以期使我们的思维过程既清晰又具备条理性。

三、思维导图与创造性思维

在前面的章节当中，我们已经对创造性思维的概念进行了界定，创造性思维即发散性思维模式，其与聚合型思维模式相对应，是从多个角度、多个侧面、多层次以及多结构对问题进行思考并提出解决方案。从本质上来看，创造性思维是对已有的知识进行整合，基于此联想出新的、独特的创意。创造性思维是能够将异乎寻常的因素进行合并使他们产生连接的思维过程。那么，为何思维导图能够激发我们的创造性思维，帮助我们提升创新能力呢？

20世纪60年代末期，罗杰·斯佩里（Roger Sperry）公布了其针对大脑的研究成果。在脑科学不断得到普及的今天，我们已经对其研究成果深谙于心，即人类大脑皮质的两边主要的智力功能有所区分。实验以及观察中表明，大脑的右半边主要负责的功能为节奏的掌控、空间感的生成、格式塔（即前述章节中提到的完整倾向）、想象的生成、幻想的产生以及色彩与维度的辨析。与右边半脑不同的是，左边半脑主要负责的功能为词汇的记忆与运用、逻辑能力、数字、顺序、线性感、分析以及列表。虽然人类的大脑可以被分为左右两个半球，但是在日常处理事务时，大脑的左右半球其实是在共同运作的。"如果我们把自己说成是'左脑人'或'右脑人'，那是在限制自己开发新潜能的能力。"与此同时，思维导图的创始人东尼·博赞提出创作思维导图的过程并非大脑当中左半球抑或是右半球单一的工作，而是一种"全脑"协同思维的过程。"简单来说，思维导图可以让你的大脑像一台巨大的弹球机一样工作，数十亿的银色弹球以光速呼啸着从一面飞向另一面。"基于此，我们可以看出对于思维导图的绘制可以帮助人们充分调动起大脑的左右半球，有效地激发出大脑的潜在能力，从而帮助绘制者们产生新想法、获得新灵感。

那么，具体来说，思维导图如何使我们的大脑迸发出灵感呢？在《思维导图》一书中，博赞提出了思维导图生成创造性想法的五个阶段。

（1）第一阶段：速射思维导图爆发。该阶段的运作依靠无限制地对思维进行发散而实现。博赞提出，该阶段为绘制思维导图的第一阶段。处于该阶段时，基于已知的中心词，绘制者的大脑往往处在高速运转的状态。我们的大脑会不断发散，以期寻找与中心词相关的其他概念或完善中心词。在这个过程当中，绘制者会在思维当中开辟一条或许多条新的路径，打破原有的思维模式。"应该接受这些明显荒诞的念头，因为它们包含了新眼光和打破旧的限制性习惯的钥匙。"

（2）第二阶段：重构与修正。处在此阶段的绘制者应当理性地对第一阶段的思维导图进行审查，将繁杂的思维结构进行区分、合并以及归类，以建立出层次感。经过此阶段，绘制者会对自己的思考过程有一个更加清晰的认识，而在划分层次的过程当中，也能够发现不同思考路径之间的新连接。

（3）第三阶段：沉思。处于沉思阶段的绘制者唯一的工作便是停下思维导图的绘制，让自己的大脑安静下来。"灵感经常在大脑松弛、安详时出现。这是因为大脑处于这样的状态时。会让发散性思维过程扩大到大脑最边缘的角落里去，因而就增大了新创意突破的可能性。"

（4）第四阶段：第二次重构与修正。在此阶段，绘制者的大脑可能会针对前述已经绘制好的思维导图产生新的灵感或想法，这时便需要再次对思维导图进行构建，将新的想法以可视化的方式呈现出来。

（5）第五阶段：得到答案。在这一阶段，绘制者对自身的思维过程应当已经拥有了一个清晰的认识，与此同时，新想法或是灵感已经迸发。此时，绘制者需要做的工作便是将这些想法与灵感进行总结、提炼并运用于生活当中。

第三节　深层探索工具

深层探索工具可分为两种：问卷调研和现场访谈调研。两种调研方式可单独使用也可结合使用。接下来我们将对两种工具进行全面的介绍。

一、深层探索工具之一：问卷调研

（一）适用范围

问卷调研主要适用于以下几个方面：

（1）问卷调查法与抽样调查方式配合应用于较大型的调查，它具有节省费用、时间和人力的优点；问卷调查还特别适合与抽样调查相配合，因为就非全面调查的各种方法来说，抽样调查所调查的样本单位数一般都比典型调查、重点调查所调查的单位数多，用问卷调查法收集资料是最合适的。

(2)问卷调查法特别适用于数量问题的调查和进行数量分析,主要是在问卷设计时用封闭式问题及答案实现。问卷调查可行的基本条件是被调查者普遍具有一定的文化水平,能够准确理解题目,并有效作答。

(二)调研步骤

1. 确定调研目标

对于问卷调查来说,首先很重要的一点就是厘清问卷调查的目标,问卷设计不是随心而为的,在开始制作问卷范本之前,先问问自己一个关键的问题:这份问卷需要解决什么问题?究竟是为了了解网店的用户体验情况,为了了解用户的动机,还是为了获悉用户对于某个功能的使用习惯?

不同的目标有不同的问卷设计方法,问卷中所有设计的问题都应该围绕这个中心目标来展开,不能偏离主题。在明确了问卷调查设计的目标之后,相应地就知道了我们问卷调查设计的研究思路、问卷调查范围、目标受访者、目标样本量、样本采集方式、访问时长等。

2. 设计问卷

明确了目标问题之后,就可以快速建立一个问卷。问卷调查一般采用线上的方式,这样易于传播,也易于用户填写。问卷设计是问卷调查中非常重要的一个环节,一般来说问卷的基础格式分为标题、引导语和问题列表。

(1)标题:我们需要让客户明白这个问卷的主题是什么,一般格式都是"xxxx问卷调查",标题涵盖了调研对象、调研主题。例如,大学生批判性思维能力调查问卷、现阶段中国农民收入调查、大学生求职意向问卷调查等。

(2)引导语:是问卷开始前的问候语,主要阐述调研项目、主题、目的及调研时间等。首先我们用30~50个字说明问卷调查的目的和意义;其次,可以介绍一下填写这份问卷大概会花费多长时间,这样可以让用户有一个心理预估;最后,我们在末尾表示感谢。比如"为了解我校学生线上学习现状,并为各位同学提供更有效的线上学习服务,以下有一些问题需要得到你的积极配合，本次问卷完成填写预估需要 5~7 分钟，资料内容我们将完全保密，非常感谢您的参与！"

（3）问题列表：当我们有了问卷调研的需求之后，首先要了解调研的大目标，但是在实际项目中，调研目标往往过于大而泛，很难直接设计出问卷，所以在设计问题之前，一般需要对调研目标进行拆分，考虑通过哪些信息可以间接达成调研目标，然后将问题拆分成每一个小问题，进行问卷问题的设计。

问卷在设计上一般设计 20 个左右的问题，会在开头设计 3~4 个问题收集用户的基础资料，核心问题约 16~17 个，提问和主题相关的问题，这样既保证了提问的详尽，同时也控制了用户答题的时间成本。

（4）问题的类型：问卷常见的问题主要是单选题、多选题、填空题，针对不同的问题类型，选项的设计得稍加注意。

单选题

从选项的角度，单选题的问题答案分为唯一选项、最佳选项、特殊选项。

1）唯一选项，顾名思义答案是唯一的，选项之间完全独立且互斥，不会有太多的纠结跟瓜葛，也不用让调研的用户思考太多，在他们心中，答案就是唯一的，两项选择题就是唯一选项类型的典型代表。比如：

您的性别？

A．男　　　B．女

您所在的年级？

A．大一　　　B．大二　　　C．大三　　　D．大四

2）最佳答案，意味着选项之间需要调研用户进行比较才能得出，需要调研用户选出最符合实际情况的答案，这类问题在设计时需要在题目后标注清楚问题类型为"单选"。比如：

你更喜欢在哪里进行阅读？

A．教室　　　B．图书馆　　　C．宿舍　　　D．家里

你经常使用哪个平台进行线上学习？

A．B站　　　B．知乎　　　C．百度　　　D．小红书

还有一种特殊的单选题也会经常遇到，即态度问题，这里的态度主要是指用户满意度、同意度等。比如：

您对学校提供的图书资源是否满意？

A．非常满意　　　B．满意　　　　　C．一般满意

D．不满意　　　　E．非常不满意

您认为博物馆的游览路线标注是否非常清晰？

A．非常同意　　　B．同意　　　　　C．一般同意

D．不同意　　　　E．非常不同意

多选题

多选题即选项中可能有多个是用户的答案。首先也需要注明问题类型"多选"，对于选项也要尽可能地涵盖到所有情况，但是如果担心选项没有涉及所有情况的话，一般会在选项最后设置"其他"选项（可以注明让用户填写）。

填空题

填空题属于开放式的问题。设置填空题首先要考虑到你发放问卷的方式，如果是线下发放，面对面让用户填写的话，成功率可能会高一点。现在一般发放问卷都是线上的甚至移动端的会多一点，所以需要考虑到用户的输入成本，除了用户的基本信息必须填写之外，一般不建议设置过多的填空题。

在问题的设计过程中要注意如下方面：

1）问题设定由浅入深，逐步增加难度和深度。

2）尽量设定更多封闭性问题，少设定开放性问题。

3）表述要准确可量化，减少不明确性。

4）问题不要有引导性和倾向性。

5）不要有偏激性的语句。

问卷在正式发放前需要在小范围内进行预测试，即在正式测试之前需要将问卷发给同事或朋友，进行问卷修订，及时发现问卷中的逻辑错误、选项不全面、错别字等问题，修订完毕之后，一份完整的问卷才算设计完成，此时就可以进行问卷发放了。

3. 执行问卷

在发放问卷的时候也不仅仅是把问卷投放到线上，需要选定投放的样本数量、途径，还要考虑降低投放期间出现的一些偏差。一般来说问卷发放的方式有三种，分别是线上平台大规模发放、社群发放针对性发放、面对面精准性发放，根据需要调研的内容及可操作性原则使用不同的方式。

（1）线上平台大规模发放。此种发放方式要求问卷的回收率最好要达到 70%以上，这样收集的数据才具有代表性和可参考性。所以我们可以将问卷调查工具提供的问卷二维码或者链接下载下来，在公众号、微博、朋友圈等线上平台大规模发放。但是要注意收集完成后，要对收集的问卷进行筛选，将不符合规定的问卷剔除。

（2）社群发放针对性发放。如果是企业或者学校内部想进行问卷调查，我们可以利用社群的形式进行小规模问卷发放。我们可以先对问卷的调查目的进行解释说明，再将问卷的二维码或者链接发在社群中。我们也可以利用一些奖励的形式，帮助加快问卷的收集速度。

（3）面对面精准性发放。如果我们有足够的时间和成本，也可以选择线下面对面精准发放形式。这样的发放形式收集的问卷，数据会更加准确，并且在填写过程中有任何问题可以随时和受访者沟通，从而保证了收集的问卷质量。

4. 问卷分析

在进行问卷分析前，首先要对问卷进行处理和数据清洗，需要注意以下几个方面：

（1）问卷数据收集后，进行无效问卷的剔除，如空白问卷、明显不符合要求的问卷，以保证结论的准确性。

（2）录入问题及数据，如果是纸质问卷，可以先将文档转化为电子文档再进行分析；如果是电子问卷，直接将数据导出 excel 即可。

（3）梳理清楚自己调查的目的，带着目的围绕主要问题去分析，避免无关紧要因素的影响。

（4）判断要达到分析目的，需要使用何种分析方法，以选择合适的调查问卷分析工具。

在数据清洗后，可进一步进行描述性统计分析，描述性分析主要是对被调查者的基本信息进行描述，如性别、学历、年龄、工作年限、居住地等。最后将所需要的数据汇总成表格或者图表（饼图／柱状图等），并辅以文字说明，使结果更一目了然。描述性分析又分为简单分析和复杂分析，简单分析主要是单一变量，对问卷的均值、标准差、百分比、频数等进行比较基础的分析，而复杂分析则涉及多个变量之间的关系，即引入其他变量。

5. 调研报告生成

一份优质的调研报告，不仅要有充分的数据支持，更需要有良好的结构和逻辑。以下是一个基本框架结构。

（1）研究问题和目的。简要描述研究问题和目的，包括为什么会进行这个调研，研究的目标是什么，对公司或组织的作用。

（2）调研方法和数据采集。详细描述采用了哪些调研方法，包括问卷调查、访谈、现场观察等，以及每种方法的优缺点和采用的理由。同时，还需详细描述数据采集的过程，包括样本设计、数据收集、数据清洗、数据分析等。

（3）数据分析和结果。对采集到的数据进行分析和归纳总结，提炼出对研究问题有意义的结果，包括统计分析、数据可视化等。同时，还要结合实际情况，对结果进行揭示和解释。

（4）结论和建议。在对研究结果进行总结的基础上，提出明确的结论和建议，为公司或组织的决策提供参考。

二、深层探索工具之二：现场访谈调研

现场访谈调研适用于个性、个别化研究。其适用于调查问题比较深入、调查对象差异较大、调查样本较小或调查场所不易接近等情况，有明显的优缺点。

（1）现场访谈调研优点如下：

数据真实可靠：采用现场调查法可以直接观察到事物的真实情况，收集到的数据较为真实可信。

信息丰富：能够使用比较复杂的调查问卷或访谈提纲，可通过与对象直接进行接触、交流获得丰富的信息，能收集到更全面、详细的数据。

提高研究质量：现场调查法可以帮助研究者找到问题的关键点及其原因，从而提高研究质量。

提高研究的可信度：现场调查法收集到的数据与实际情况相符，可提高研究的可信度。

若是团体访谈，不仅节省时间，而且与会者可放松心情，做较周密地思考后回答问题，相互启发影响，有利于促进问题的深入。

（2）现场访谈调研缺点如下：

时间成本高：进行现场调查需要耗费较长的时间，对研究人员的要求较高。

受调查对象影响：现场调查容易受调查对象表现和态度的影响。

数据质量不稳定：现场调查中人为因素很大，导致数据质量不稳定。比如，不能完全消除受访者的心理顾虑，不能体现匿名的特点，这些特点往往影响受访者陈述事实和观点的客观性。另外，受访者也会受到主持测试人员的种种影响。

总的说来，现场调查法是一种可靠的研究方法，但研究者还需要在调研的过程中加以注意，特别是当研究者不具备充足的专业知识和技能时，数据收集的质量容易受到影响。因此，在选择现场调查方法时，研究者需要结合研究问题的特点，全面考虑方法的优劣，确保其具备较高的适用性和可靠性。

（一）现场访谈的目的

其一，通过客户调研，发现问题，了解客户的痛点，为获得解决方案奠定基础。

其二，研究产生想法的方法，了解客户的真正需求。

其三，揭示新的探索，更进一步地了解客户的体验和需要。

（二）访谈步骤

1. 确定研究问题和访谈的目的

在进行调研访谈前，研究人员需要明确调研目标，即希望通过访谈了解的问题、主题或现象。例如，调研产品的市场需求、了解用户对某项政策的看法等。

2. 制订访谈计划

依据研究的内容确定访谈的主要形式，规定对调查对象所作回答的记录和分类方法等。

（1）确定访谈形式。对于访谈的形式可以采取面对面访谈，也可以通过电话会议或者视频会议进行访谈，形式可以是一对一，也可以是一对多，还可以是多对多。

单个访谈。单个访谈是调查者到调查对象的家或工作地进行一对一的访谈，通过访问者与被访者之间的互动，收集研究所需要的资料。访谈主要不是问，而是让客户多讲，了解他们对主题的见解、问题、阻力、难点、痛点等。

群体访谈。群体访谈则是将若干个研究对象集中在一起进行访谈。类似于公众座谈会的一种集中收集信息的方法。一般由组织的一名或几名调查员与公众进行座谈，以了解他们的意见和看法。集体访谈法是一种了解情况快、工作效率高、经费投入少的调查方法，但对调查员组织会议能力的要求很高。另外，它不适应调查某些涉及保密、隐私、敏感性的问题。

（2）确定提问方式。在调研的过程中，通过提问获得相关的信息，问题一般分为开放式问题和封闭式问题。

开放式问题。开放式问题通常是对方容易回答的问题，其答案呈现多样性。通过问开放式问题，比如"大学社团现在发展的现状如何？""参观博物馆的游客体验不好的原因是什么？""校园餐厅经常被投诉的问题有哪些？"来获得讨论主题的整体视图。对于有疑问的问题，通过问问题，澄清某些问题，理解背景、现状、难点、痛点。

封闭式问题。封闭式问题回答有限制。在澄清一个问题时，多采用封闭式问题，比如"客户有无退货？""客户喜欢红颜色还是白颜色？"等。通过这样的问题，确认我们的理解是否正确，很多情况下，可以提出直接的问题，比如"你们对产品设计有何建议？"其目的是探索问题的根源、客户的想法，评估问题对现实的影响。

（3）规范提问的措辞。

问题的问法必须中立客观

不要问那些会影响用户回答的，带倾向性的问题。这是问卷和访谈大纲设计者常犯的错误——急于求成，希望能尽快得到内心直觉的预设答案。

在访谈开始前或者进行一段时间后，你内心很可能产生一种直觉，能感知用户将如何回答你的问题，这并不奇怪。但要控制它，不要让直觉妨碍公正、公平的研究过程。什么样的问法是不中立客观的呢？

错误示范："当你网购没有成功下单的时候，你的内心有多焦虑？"

正确示范："请尝试回忆一下你上次网购下单，因为某种原因没成功的时候，你有什么样的感受？"

优化开放性问题的问法

如果受访者在访谈中感到惬意舒适，他们会乐意给出诚实开放性的回答。而在某些情况下，受访者只会针对问题做简要回答而不作展开。

健谈型受访者：

主持人："你喜欢网购吗？"

受访者："我可喜欢网购啦！我的网购 App 有×××、××、×××，上个月我还买了他们家的 VIP 会员。"

保守型受访者：

主持人："你喜欢网购吗？"

受访者："还行吧。"

这或许不是受访者懒或者被动，只是不同人有不同的性格罢了。为了避免和减少低收益的访谈（因为受访者不健谈而结束太快），请确保问卷问法中有开放式的问法，让受访者有详细阐述和回答的空间。比如说：

"你最近一次在网上买了什么东西？"

更好的问法是：

"请和我说说你最近一次在网上购物的经历。"

询问经验类问题的时候，引导受访者回忆，而不是想象

当受访者开始思考过去发生的具体事情，场景更清晰，回答更具体到位。

主持人的问法需要能唤醒受访者对过去的记忆。强调过去，已经发生过的事情，引导他们回忆，而不是想象，比如说：

"当网购下单失败以后，你的脑海里在想什么？"

更好的问法是：

"请告诉我你上一次网购下单失败以后，你的脑海里想的是什么？"

（4）确定记录方式。在采访中，有多种方式可以记录内容，具体选择何种方式取决于采访者的个人偏好和采访场景。以下是一些常见的采访记录方式。

笔录：采访者可以使用纸和笔直接记录采访内容，包括被访者的回答和采访者的问题。这种方式可以迅速记录所说的内容，但可能会因为速度不够快而漏掉一些细节。

录音：采访者可以使用录音设备或手机录音功能来完整记录整个采访过程。这种方式可以准确地捕捉到每一个细节，但需要后期进行整理和转录。

视频录像：使用摄像设备或手机摄像功能录制采访过程。这种方式能够记录下被采访者的表情、语气和肢体语言，较为全面地展示采访情况。但需要注意保护被采访者的隐私和权益。

数字记录：采访者可以使用电子设备或备忘录记录采访过程。这种方式可以通过文字快速记录内容，并且方便后期整理和编辑。

3. 拟定访谈提纲

确定访谈的具体问题和框架，拟定访谈提纲。首先需要明确的问题是："我希望能从这场访谈中得到哪些信息？"根据设计的主题或者需要解决的问题，设计访谈提纲。

（1）归纳核心主题。思考并归纳总结出访谈的几个核心主题，确保团队成员在研究主题、研究范围、研究目标上达成共识。比如一个网购相关的研究项目，该研究的核心主题可能如下：

"为什么消费者会网购？"

"消费者是如何网购的？"

"对你的消费者而言，线上和线下购物的区别是什么？"

（2）将要问的内容分解细化。对于核心主题我们不能直接提问，直接提问得到的回答经常会是宽泛的、模糊的。因此，问卷设计者需要将主题分解细化成可以回答，易于回答的问题。

主题：

"你为什么会选择网购？"

分解细化后的问题：

"你会在网上购买什么类型的产品？"

"什么样的产品你绝不会在网上购买？为什么？"

"当你在网购结账时，最好的体验是什么？最不好的体验呢？"

4. 进行正式访谈

在进行访谈时，需要注意以下几点：

（1）保持良好的沟通氛围，让受访者感到舒适和自在。

（2）问题要清晰明了，不要使用模糊的语言或术语。

（3）不要干扰受访者的回答，要让他们自由表达观点。

（4）在访谈过程中，可以适当地追问问题，以深入了解受访者的观点。

5. 整理和分析数据

在访谈结束后，需要对收集到的数据进行整理和分析。整理数据是指将访谈记录转化为文字或图表，以便于后续分析。分析数据是指对数据进行分类、比较和归纳，以得出结论和建议。以录音为例，一般来说，在处理录音时会遵循以下步骤。

（1）转录。为了更好地分析和整理访谈材料，通常在获取录音之后将录音内容转录成文字。转录可以由研究者自己完成也可以使用录音转文字软件。转录需要准确地记录访谈的内容。

（2）数据清理。在开始整理之前，需要对收集到的录音文字进行初步清理。检查和优化文字中出现的问题，比如删除重复的、不准确的内容，与主题完全无关的信息，以及统一格式和命名等。

（3）编码。编码是指对访谈材料进行标记或分类，以便后续分析。编码可以基于访谈中出现的关键概念、主题、观点等，也可以根据研究目的进行定制。比如可以按照受访者、访谈日期或其他相关因素将访谈分组，同时可以将访谈题目及其摘要添加到整理文件中。这样可以更好地跟踪和查找特定的访谈内容。编码可以手动进行，也可以借助计算机软件辅助。

（4）分析和提取见解。整理访谈的主要目的是提取出有用的见解和分析收集到的数据。在整理的过程中，可以发现主题、模式和趋势等。可以使用比较、分类、草图等方法对访谈材料进行梳理和整理。最终以可视化的方式进行呈现，比如一些报告、图表等。

无论是问卷调研还是现场访谈都是为了更好地了解我们关注与服务的对象，深层探索用户真正的问题，找出甚至被用户忽略的最真实的需求。

第四节　创意引导工具

前文介绍了了解用户的三个工具。这一节我们主要探讨在了解用户需求的基础上，如何创新地解决问题。在这个过程当中我们需要使用头脑风暴的方法，头脑风暴容易将讨论发散，因为我们强调天马行空的想法，需要每个人都参与进来，贡献各种各样的思想，可以有天马行空的想法，也可以有脚踏实地的点子。在很多情况下，如果仅仅有天马行空的想法，发散性思维的点子，可能会跑题，可能缺乏聚焦，可能考虑的问题不全面，所以必须将左脑和右脑相结合。如何在天马行空的基础上进行聚焦，这就需要通过工具引导，获得创新的解决方案。

一、获得创新的常规方法：联想构思法

1. 目标

利用联想构思法，围绕设计的产品、服务、流程、战略等获得新的创意。

2. 何时使用

在设计一个新的解决方案，需要获得新创意的时候。

在完成了解决方案设计，发现方案几乎都是逻辑思维产生的，需要进一步获得创新创意的时候。

在做行业互换、品牌借鉴的时候。

3. 具体步骤

联想是指从一种事物想到另一种事物的心理活动，一般包括事物的概念、形象、性质、方法等。联想可以是概念到概念之间的联想，可以是形象到形象之间的联想，也可以是方法到方法之间的联想，还可以是性质到性质之间的联想。联想分为相关联想、相似联想、对比联想和因果联想四大类型。

（1）相关联想：由某一种事物想到与它相关联的方面，称为相关联想。其一是指在时间或者空间相关联的联想，比如看到教室会想到老师、黑板、笔、投影仪、学生、铅笔等；看到小孩会想到自己的童年时代、捉迷藏、滚铁环等；看到冰会想到滑冰、冰球、冷、棉衣、冬天等；看到饭会想到吃、饿、食堂、餐馆等；看到火会想到火柴、钻木取火、火灾、星星之火、飘扬的红旗等。比如从理发推子到发明联合收割机，就是相关联想。

（2）相似联想。由某一种事物想到与其相似的事物，称为相似联想。这里联想的事物一般来讲属于同一类型，包括形似和神似。比如看到月亮会想到星星、太阳（都是星球）；看到电脑会想到手机、电视（都是互联网终端）；看到刀会想到剪刀、指甲刀（都是刀具）；看到苹果会想到橘子、梨、香蕉（都是水果）。比如，看到雨衣贴身，导致雨水灌到鞋子中，发明底下带充气"游泳圈"的雨衣，就是相似联想。

（3）对比联想。由某一种事物的性质或特点想到与它相反的事物，称为对比联想。如由黑暗想到光明，由冬天想到夏天等。对比联想既反映事物的共性，又反映事物相对立的个性。如黑暗和光明都是"亮度"（共性），不过前者亮度小，后者亮度大。夏天和冬天都是季节，不过一个炎热，一个寒冷。对比联想使人容易看到事物的对立面，对于认识和分析事物有重要的作用。当看到漂亮的玩具，美国厂商做出了丑陋的玩具，销量大增，就是对比联想。

（4）因果联想。由于两个事物存在因果关系而引起的联想，称为因果联想。这种联想往往是双向的，既可以由起因想到结果，也可以由结果想到起因。如看到蚕蛹就想到飞蛾，看到鸡蛋就想到小鸡。比如，看到狒狒在沙漠上存活，知道跟着它们可以找到水源。比如，一战期间，英军看到德军战地上一只波斯猫在坟地晒太阳，断言坟地下面是指挥所。

4. 案例：尼龙搭扣的发明

尼龙搭扣的设计是从苍耳那得到的灵感。尼龙搭扣这个名字的由来是因为其两边都是尼龙做的，一边是一排排的小钩，另一边是密密麻麻的小线圈，两边贴在一起的时候，小钩就勾住小线圈，使其能贴在一起，所以取名为尼龙搭扣。尼龙搭扣是一位瑞士发明家发明的，这位发明家很喜欢带着他的狗去树林里散步。有一次，他带着狗去树林里散步，回来后发现狗的身上和他的裤子上粘了很多苍耳，要清除掉这些苍耳还得费一番工夫，他用放大镜一看，才发现了苍耳身上带有一些小刺，这些小刺粘在有毛的裤子上，就会被牢牢地粘住，任你怎么甩都甩不掉，除非用手拔掉。他就利用苍耳的原理，发明了尼龙搭扣。

5. 操作方法

（1）用三张大白纸在墙上纵向拼成一张更大的白纸，将设计主题（比如电动工具平台）写在便签贴上，贴到大白纸中间偏下的位置。

（2）将主题的关键词，比如"电动""工具""平台"写到另一种颜色的便签贴上，贴到主题的周边。

（3）将每个关键词联想到的延伸词写到第三种颜色的便签贴上，比如"动"的联想，如手动、风动、水动等；工具如剪刀、尺子等；平台如桌子，将延伸词再次进行分类。

（4）将这些词任意组合，看看是否会得到完全不同的创意。

二、获得奇特创意的方法：强制关联法

1. 目标

将完全不相同的两件事物，比如物体、事件、产品等，利用将它们的

特征强制关联起来的方法，产生新的创意。

2. 何时使用

当创意到了山穷水尽需要获得一些奇特创意的时候。

在设计一个新的解决方案，需要获得新创意的时候。

在需要脑洞大开，做右脑练习的时候。

在完成了解决方案设计，发现方案几乎都是逻辑思维产生的，需要进一步获得创新创意的时候。

3. 案例：女士手提包创新

在设计女士提包的时候，大家绞尽脑汁，设计了各种各样的手提包，可是突破传统的设计却很困难。这时可以利用强制关联法。比如选择一个电灯泡作为强制关联的对象，再讨论电灯泡有什么特征，就会发现，发光、发热、透明、有电、玻璃、钨丝、圆的、照明等。利用强制关联法设计手提包就会有很多的创意，比如，会发光的包、会发热的包、透明的包、会发电的包、玻璃做的包、钨丝缠的包、圆形的包、会照明的包等。最后研究这些创意的意义和可行性，就会设计出一款新式的包。

4. 操作方法

强制关联法就是一种把乍看没有关联，或还暂时看不到关联的事物强制性地结合在一起的思维技法。

（1）用三张大白纸在墙上纵向拼成一张更大的白纸，将设计主题（比如，汽车的营销方案，设计手提包）写在便签贴上，贴到大白纸中间偏下的位置。

（2）任意选择一个和主题类型相近但是完全不相关的事件或者物体，写在另一种颜色的便签贴上，贴到主题便签贴的上方，然后将两者用笔连接起来。

（3）对于选定的不关联物体或者事件，将它们的特征逐一写到第三种颜色的便签贴上，然后贴到选定的不关联事件的周围，并且用笔将选择的事件和特征逐一连接起来。

（4）再将这些特征和需要设计的产品或者主题强制关联起来，获得新的创意，写到其他颜色的便签贴上，然后贴到预设计主题或者产品的下面，并将创意和设计主题连接起来。

（5）这样就获得了很多奇特创意，对于这些创意，大家讨论5分钟。可以通过投票，获得大家公认的、比较有意义的奇特创意。

（6）最后围绕着这些创意，探讨可行性。

第五节　原型制作工具

如果将创新的想法停留在抽象的概念或者文字描述，则很多人对于该创意并不一定有直观的认识，这样会导致大家不在同一个"频道"讲话。如何让大家很快有一个共识，理解想法的真正细节、理念，或者对想法进行磋商、矫正？这就需要将想法利用视觉艺术"描绘"出来，直观地理解想法所代表的实体、情景、流程等。原型制作的过程也是对想法、点子、解决方案的全面审视，加之经常利用积木、橡皮泥等制作模型，会带来很多的创新灵感，大卫·凯利把模型制作称为"用手来思考"，在创新设计思维过程中，模型制作会更有效。

原型的制作方法包括低保真原型和高保真原型两种。低保真原型指的是不完整的模型，只含有部分功能和特征，或者使用了仅仅是为了测试而不适合用于成品构建的材料制作而成的版本。比如：故事板、卡片、纸质模型等。它非常廉价也容易制作，这使得任何设计人员都能以最少的时间和成本参与到原型制作过程当中。但要注意的是，低保真原型相较于最终成品而言很粗糙，它不一定适用于我们的目标用户；用户也不一定能以真正的交互方式操作它，这导致用户的体验跟真实情况会有很大差异，产生的测试结果也不一定有效。

另一种原型是高保真原型，相比于低保真版本，制作它所需的成本更高、时间更长；若要对它进行修改，也需要更多的时间才能完成。然而，它可以帮助我们获得具有高度有效性和实用性的反馈信息。原型越接近成品，设计团队对人们测试时的响应、交互和对设计的感知等反馈信息就越有信心。一般而言，在设计思维项目的早期阶段，团队会选择制作低保真原型，基于测试反馈不断优化，到了后期也就自然而然会生成高保真原型了。

一、原型制作工具之一：草图描绘

草图是可以使用的原型形式。它只需要很少的努力，并且不需要依靠高超的绘画技巧，这就是它的价值所在。使用草图来阐述你的想法，并将它们应用到现实世界中——即使是最简单和最粗糙的草图也能轻松实现这一点。为你的概念画一个简单的草图，它们就不会只存在于你的脑海中，这样就可以与队友分享这些概念，以便进一步讨论和构思。

二、原型制作工具之二：物理模型

当最终结果是一个物理产品时，你可以使用广泛的材料来构建用于测试的模型。你可以使用粗糙的材料，如纸、硬纸板、黏土或泡沫，也可以重新利用周围现有的物体来建立物理模型。

物理模型的目的是把一个无形的想法或二维草图，带入一个物理的、三维的层面。通过物理模型可以进行更好的用户测试，并且可以引发关于解决方案的讨论。构建物理模型时，我们可以借助的工具有很多，比如彩色纸张、乐高、橡皮泥、轻黏土、3D 打印机等，都可作为物理原型呈现的材料。这种方法简单易行，成本低，能够很好地展示产品的外观，但也存在不易修改等问题。

三、原型制作工具之三：故事板

故事板是一种源自电影行业的技术，你可以将它用于早期的原型设计，从而能够可视化用户需求。讲故事是通过用户体验指导人们创新的一种很好的方式。当你绘制故事板时，试着想象完整的用户体验，然后用一系列图片或草图来捕捉它。故事板不仅能让我们整理关于用户、任务和目标的信息，还能通过鼓励我们和其他设计师之间的讨论和协作激发新的想法。通过描绘用户的体验，我们也能更好地理解他们的世界，从而能够换位思考。故事板有助于发展对用户的移情理解，并产生高层次的想法和讨论。

四、原型制作工具之四：App 模型

数字产品，如 App、网站和 Web 服务，以及其他基于屏幕的产品或体验，通常需要我们在最终设计和开发之前创建一系列原型方法。在数字产品原型制作的早期阶段，纸质界面是很方便的。我们可以通过画草图来创建纸质界面，或者通过绘制和裁剪用户界面的可用部分（如文本框或下拉菜单等）来创建纸质界面。

纸质原型非常容易制作，成本也很低，但它可以为我们提供很多真知灼见，节约经费。在设计数字产品时，我们可能会想直接在计算机上创建高保真度的原型，或者立即开始创建产品。然而，当使用纸质界面时，我们可以发现许多需要改进的地方，比如可用性问题。这些问题可以帮助我们在设计的早期阶段进行改进，从而避免生产成本。我们可以使用分开的纸张来实现这一点，包括可移动的界面元素、滚动的页面和其他交互功能。

本 章 小 结

1. 头脑风暴法是指每个人在正常融洽和不受任何限制的气氛中以会议

形式进行讨论、座谈，以期打破常规，积极思考，畅所欲言，充分发表看法的一种组织方式。

2．头脑风暴法可以保证每个参与者都对先前提出的想法有所贡献，设想出尽可能多的创新性方案来解决问题。

3．思维导图又被称为心智图，是表现发散性思维的有效思维工具。

4．绘制思维导图的基本步骤：首先，对中心图或中心词汇进行绘制；其次，基于"中心词"为思维导图添加分支；再次，构建分支之间的联系；最后，依据概念以及概念之间的联系对相关图像进行绘制。

5．思维导图可以有效地激发出大脑的潜在能力从而帮助绘制者们产生新想法、获得新灵感。

6．深层探索工具可分为两种：问卷调研和现场访谈调研。

7．创意引导工具包含联想构思法与强制关联法。

8．联想分为相关联想、相似联想、对比联想和因果联想四大类型。

9．强制关联法就是一种把乍看没有关联，或还暂时看不到关联的事物强制性地结合在一起的思维技法。

10．原型的制作方法包括低保真原型和高保真原型两种。

11．原型制作工具包含：草图绘制、物理模型、故事板以及 App 模型。

第六章　让创新成为习惯——作品展示

本章导读

当前，以未来产业为代表的新领域、新赛道发展如火如荼，新一代信息技术、人工智能、生物技术、新能源、新材料、高端装备、绿色环保等一批新的增长引擎正成为新动能、新优势的集中体现，其背后离不开高水平科技自立自强，以及国家战略人才力量的有力支撑，最终落脚点还在于教育。

教育、科技、人才是全面建设社会主义现代化国家的基础性、战略性支撑，在这三个方面，高校作为主力军责无旁贷，而设计思维是围绕创新创业而做的创新探索和实践，对于进一步激发青年学生树立科创报国的远大理想，不断深化实践育人，推动校园科技成果向社会生产力的有效转化，培养学生科技创新意识、激发创新精神，锻炼实践能力等产生了巨大的作用。

本章节特别收录了"思考与创新"课程中表现优异的学生案例，这些案例充分展示了学生们在设计思维和创新实践方面的优秀潜力。通过这些鲜活的案例，足以显示设计思维能够帮助学生不断挖掘和发挥自己的创新潜力，并积极参与到创新实践中。

设计思维的项目实践，进一步推动了高校创新创业教育，培育创业项目，培养学生科技创新能力和素养，积极学习科学知识和科学方法，踊跃投身创新驱动发展战略，为促进科技自立自强、加快建设科技强国贡献青春力量；引导和激励高校学生实事求是、刻苦钻研、勇于创新、多出成果、提高素质，发现和培养一批在学术科技上有作为、有潜力的优秀人才，鼓励学以致用，推动产学研融合互促，紧密围绕创新驱动发展战略，服务国家经济、政治、文化、社会、生态文明建设。

一、校园与生活创新

产品1：恰饭啦App（图6-1）

图6-1　西安欧亚学院学生创新成果作品（1）

1. 产品设计理念

"恰饭啦App"是一款针对大学生个性化餐饮定制的App。

通过调研发现，大学生在餐厅用餐时，食物浪费的现象普遍存在，而大学生群体在社会结构中占据了非常大的比例，食物的浪费意味着资源的浪费。

为了缓解这一困境，小组通过问卷调查和访谈，发现大学生可以通过了解自身食物必要摄取量以及科学规划饮食结构，定制专属于自己需求的饮食菜单，避免食物被过度浪费。

在此基础上，开发研制创新产品"恰饭啦 App"。

2. 产品功能

本款产品通过与学校餐饮部门合作，获取餐厅各个窗口的食物菜单以及菜品配料、热量、数量等指数，将餐厅菜品数据在线上完整呈现。

"恰饭啦 App"从饮食方面延伸出四个主要板块。分别为"扫描""定制菜单""帮你选""每日打卡"。

"扫描"功能旨在为减肥人士提供便利，当你打开 App，只要对准食物扫描，便可自动识别菜品的热量、数量等信息，你可以根据每份菜品的详情来选择吃什么，吃多少。

"定制菜单"模块适合大众群体，你可以持续一段时间根据自己的饮食喜好，将每天摄入的食物及数量输入 App，App 在一定时间后会利用大数据算法精准推荐多个食谱，你可以在食谱中选择自己今天要吃的食物。

"帮你选"是为选择困难的同学准备的高效选择工具，如果你不知道要吃什么，可以点击"帮你选"按钮，菜单会根据你日常的饮食习惯为你推荐一份菜单，你可以参照菜单进行购买。

"每日打卡"是 App 发起的"光盘行动"打卡计划，上传每天食谱并拍照光盘照片，根据持续时间不同颁发不同等级的定制奖章，等级越高将获得更多联名款奖章。

App 的宗旨是用心"恰饭"，用心生活。

产品 2：智能花盆（图 6-2）

1. 产品设计理念

随着人们对于生活品质要求的提升，越来越多的人喜欢养盆栽植物美化居住空间，增加生活乐趣。但由于快节奏的现代生活，很多人没有充足的时间去看护植物，植物不能保持合适的温度和湿度，生命周期变短。因此，小组设计了一款可以自动调节土壤温度、湿度的智能花盆，将智能家居真实融入生活，提高生活体验。

图 6-2　西安欧亚学院学生创新成果作品（2）

2. 产品功能

智能花盆运用无线传输模组与手机互联，只需使用手机 App 就能进行远程控制和实时监控。可以完美解决人们没有时间照顾花草的问题。

智能花盆外形设计以传统花盆为基础，适合种植中小型植物，在其底部装有水分及温度传感装置，在外部还有光照传感器。这些传感装置能随时监测植物周围的环境变化，在植物所处环境未达到其生长所需标准时，花盆外的指示灯就会闪烁，一旁的温度计和湿度计则会显示所需数值，同时将这些数值同步在 App 上，让用户可以随时知道植物的生存状态。

智能花盆还具有自动浇水、土壤温度、酸碱度检测和自动向蓄水器加水等多种功能，在发现植物需要浇水时，可以在手机上进行操作，实时浇水。如果发现土壤的酸碱度不合适，App 会推荐解决方法，让植物在正常生长的同时提升用户的种植体验。

产品3：优师在哪儿App（图6-3）

图6-3　西安欧亚学院学生创新成果作品（3）

1. 产品设计理念

小组在调研中发现，在"双减"政策的背景下，中学生普遍存在课堂上不能充分吸收学习内容且家长和教师也不能给予及时有效辅导的情况。同时，面对需要辅导的学生，家长在无法提供支持的情况下，需要寻求多方面的帮助。针对这些问题，小组成员提出了开发"优师在哪儿App"，帮助在学习中存在困境的学生和家长。

本产品主要针对和便利以下三类人群。

（1）上课对知识（或者某一特定知识点）没有掌握，无法接受教师的授课风格，或者是想要学习某些特长或爱好的广大学生们。

（2）陪孩子时间少，自己的孩子对某些知识点掌握不够全面，或是自己的孩子有需要或感兴趣学习某一特定技能，希望课下辅导的地点可以自己定的家长们。

（3）对自己的工资不满意，想提高自己的收入的教师们以及有一定知识储备的，希望通过做家教兼职来获得生活费的在校大学生。

2. 产品功能

优师在哪儿 App 是服务于学生、教师、家长三方的一款学习辅助 App。学生在家就能就近寻找线下教师进行上门辅导，学生可以在 App 内像"点外卖"一样去联系教师，教师选择接单。

在操作过程中，家长、学生、教师进入 App 后首先进行身份认证，针对教师的资质，平台将进行严格审核，再将教师的信息上传至系统中。当家长或学生有学习问题或学习需求时，可像"点外卖"一样选择教师、课程，输入授课地址并下单。平台针对学生的需求为孩子推送最适合的教师，相应教师看到订单后选择是否接单，接单的教师乘坐平台交通工具前往，授课结束后选择已授课。课后，教师向家长反映学生学习情况，学生与教师最终完成系统互评。

通过平台配对，如果学生体验完教师的教学并感觉很受益，那么在条件允许的情况下，两者可进一步发展为一对一模式，为学生提供最完善的服务。

产品 4：不麻烦勺子（图 6-4）

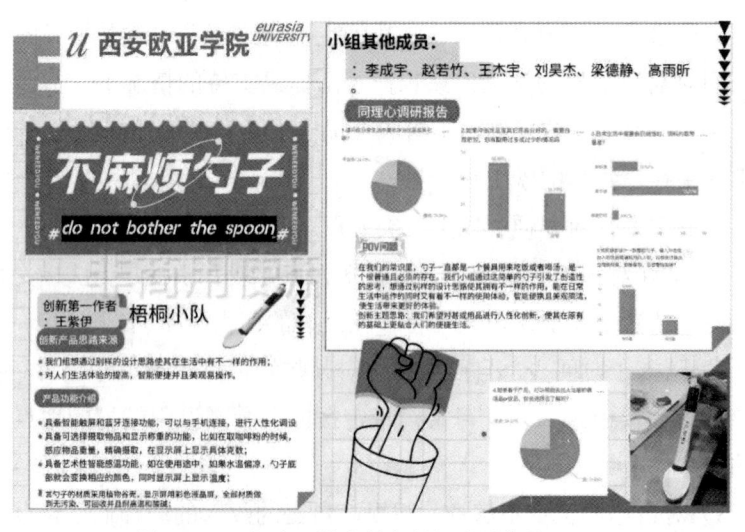

图 6-4　西安欧亚学院学生创新成果作品（4）

1. 产品设计理念

在我们的常识里，勺子一直都是一个简单的餐具，用来吃饭或者喝汤，是一个很普通且必需的存在。小组通过简单的勺子引发了创造性思考，想通过别样的设计思路使其拥有不一样的作用，能在日常生活中运用的同时又有着不一样的使用体验，智能便携且美观简洁，让生活获得更好的体验。

不麻烦勺子的设计主要想解决两个问题：首先，在日常观察中我们发现，婴幼儿和不方便自主进食的老人在吃饭时，往往不能准确判断食物的温度，因此在进食过程中容易引发烫伤，不麻烦勺子的设计能够准确感知和显示食物温度，有效地避免这种情况发生；其次，勺子的设计也可以针对大众群体需求，让大众群体在吃饭的过程中多一份乐趣。

2. 产品功能

不麻烦勺子是结合现代科技的智能勺子，它可以感应物品重量，精确摄取，尾端有一个智能触屏用来显示食物的克数，比如在获取调味品、咖啡粉的时候可以精确控制重量。

其次，不麻烦勺子还设有感温系统，除可在勺尾显示温度外，在遇到温度变化时勺肚会出现不同的颜色，食物温度高的时候会呈现红色，温度低的时候会呈现蓝色，在适合的温度会呈现绿色，如果过热或者过冷，勺柄末端会有一个小人儿脸变幻表情，用来提醒人们当前不适合进食。

产品 5：叫醒枕头（图 6-5）

1. 产品设计理念

在日常观察和体验中发现，大学生普遍存在起床难的问题，针对这一问题小组成员通过案头调研法、访谈调研法、问卷调查法了解了当代大学生起床困难的现状。起床困难户不仅会使自己心情急躁，做事情手忙脚乱，也会给自己的室友造成困扰，并且有可能会对宿舍关系产生一定的不良影响，希望通过"叫醒枕头"的设计解决当代大学生起床困难的状况，督促每个人合理规划利用自己的时间。

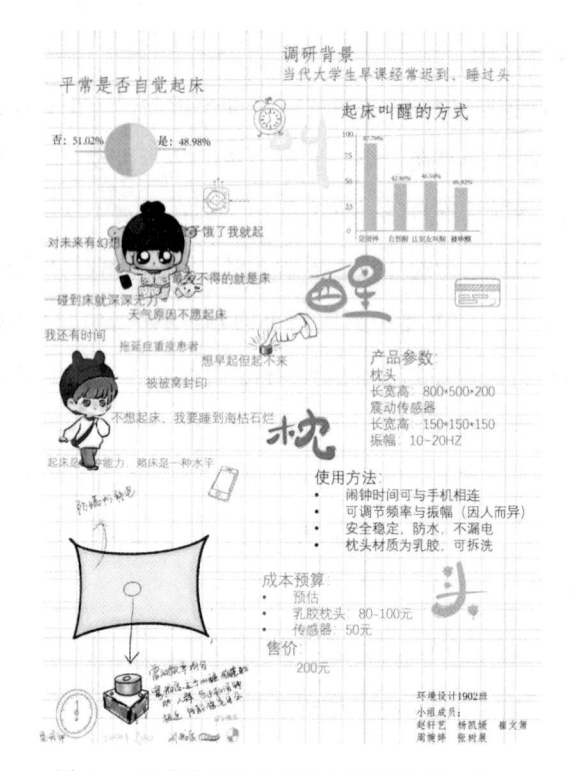

图 6-5　西安欧亚学院学生创新成果作品（5）

2. 产品功能

该产品主要针对起床困难的大学生群体，"叫醒枕头"通过加法创新策略，在原有枕头的基础上增加一个功能，使枕头通过震动达到叫醒的作用，同时也不会打扰到其他人。枕头长宽高为 800 厘米×500 厘米×200 厘米，传感器大小为 150 厘米×150 厘米×150 厘米。

枕头内部采用的材质是乳胶，具有防螨和改善睡眠的作用，同时不会影响到震动的效果。该材质软硬适中，将振动传感器放进枕头中，体验感一样舒适，振动传感器可以与手机相连，可设置振动闹钟时间与时长，也可以根据不同人的特性调节振幅与频率，起到合理叫醒的效果。

关于枕头的清洁方面，振动传感器与枕头可分开拆洗。价格方面，用最适中的价格进行生产制造，物美价廉，让人人都能买得起。

产品 6：可称重饱饱勺（图 6-6）

图 6-6　西安欧亚学院学生创新成果作品（6）

1. 产品设计理念

本产品的设计初衷是为了解决大学生在吃饭时数量需求的问题，通过改良学校餐厅的盛饭勺，试图以定量的方式，满足大学生的心理及现实需求。新设计的盛菜勺严格规定每份食物的重量，保证学生获得合理的食量，以此来避免"吃不饱，吃不好，浪费"的现象发生。

2. 产品功能

可称重饱饱勺在设计时加入了勺子自主称重功能，在勺子柄部设计一块小型数字显示器及指示灯，在打饭时如果设定的食物重量有所欠缺，勺柄的指示灯会亮起红色，同时小型显示器显示食物实际重量。当食物足量时指示灯则显示绿色，指示灯的设计可以让学生们一目了然地了解食物重量是否符合标准。

在此基础上，对盛菜勺的握力处进行了优化，由之前的直立握勺方式改变为契合人体工程学的 S 型方式，可以对工作人员每天需要打饭的腕部进行保护。

产品 7：防侵害手环（图 6-7）

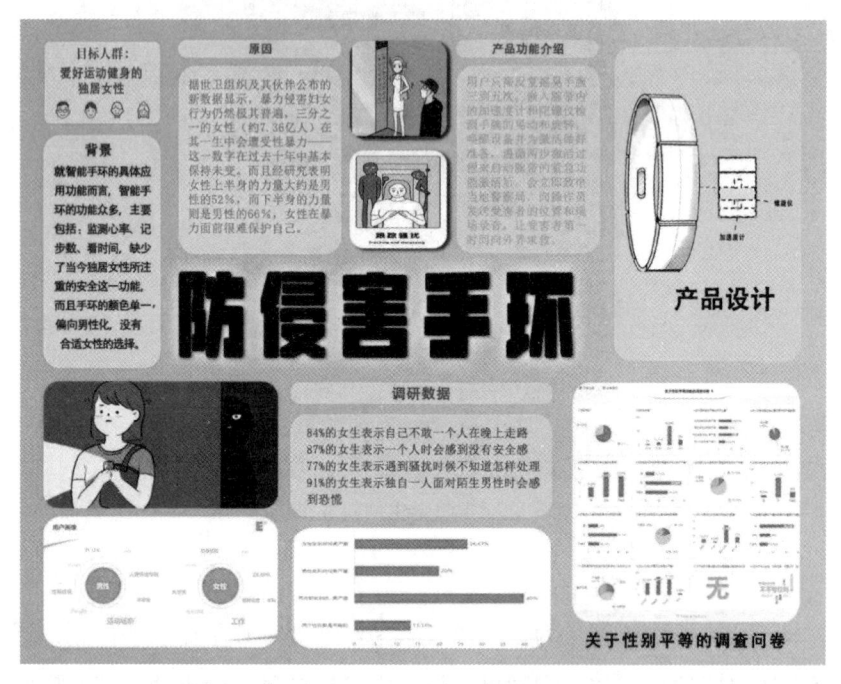

图 6-7　西安欧亚学院学生创新成果作品（7）

1. 产品设计理念

据世界卫生组织公布的最新数据显示，各个国家暴力侵害妇女的行为仍然极其普遍，三分之一的女性在其一生中会遭受暴力，这一数字在过去十年中基本保持不变。经研究表明女性上半身的力量大约是男性的 52%，下半身的力量是男性的 66%，女性在暴力面前很难保护自己，女性依然是社会中的弱势群体。

通过对女性群体的进一步调研，我们发现女性群体的社会安全感非常低。84%的女生表示自己不敢一个人在晚上走路，87%的女生表示一个人时会感到没有安全感，77%的女生表示遇到骚扰时不知道怎样处理，91%的女生表示独自一人面对陌生男性时会感到恐慌。我们希望设计一款产品能够帮助女性在遇到暴力威胁时有效地保护自己。

2. 产品功能

产品的设计将女性保护与智能手环相结合。目前市场上智能手环的功能众多，主要包括监测心率、记步数、看时间，缺少了当今独居女性所注重的安全这一功能。我们设计的手环不同于其他运动手环，在女性遇到危险或者暴力行为时，只需按照手环设置的报警动作操作，通过摇晃、旋转等动作激活产品腕带内的报警警示系统，手环会立刻开启录音录像功能，同时将遇险提示及定位发送到多位紧急联系人手机上，并立即致电当地警察局，让受害者第一时间向外界求救，给用户安全感。

产品 8：大型犬防爆冲牵引绳（图 6-8）

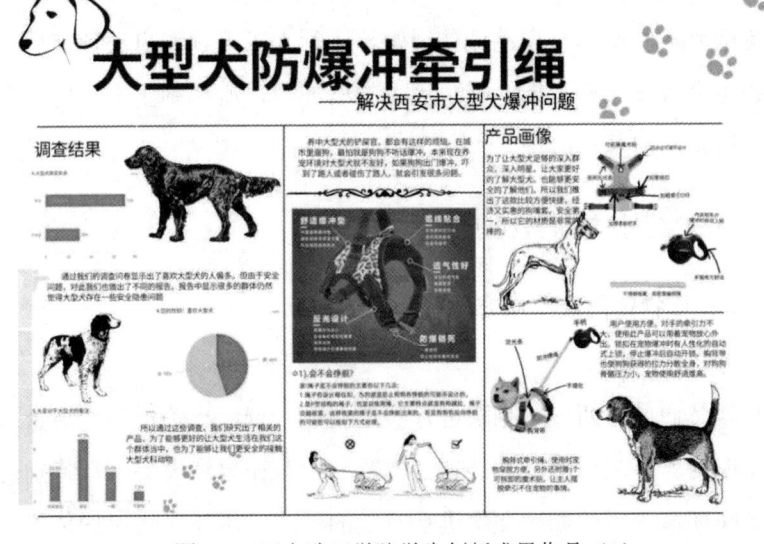

图 6-8　西安欧亚学院学生创新成果作品（8）

1. 产品设计理念

当今社会，狗狗作为拥有率非常高的宠物，已成为人类的社交当中非常重要的部分，特别是大型犬，近些年受到了很多家庭的喜爱，但饲养大型犬需要非常注意狗狗由于过度兴奋而出现的爆冲现象。

爆冲是指宠物主人带大型犬外出遛弯时，大型犬不理会主人的指令和牵引，只顾发力向前冲，拉拽牵引绳，去它想去的地方。犬类爆冲时看起来不像是人遛狗，反像是狗遛人。爆冲对人和狗都有可能造成很大伤害，对于大型犬来说尤其如此。犬类突然前冲有可能造成铲屎官摔倒或者手指、肌肉拉伤，犬类的咽喉、颈部肌肉、关节也有可能在爆冲中受伤。为了让人和宠物在社会中安全和谐地相处，我们希望设计一种防爆冲牵引绳，为大型犬家庭解决宠物爆冲却无法及时控制的问题。

2. 产品功能

产品设计以普通牵引绳为基础模型，我们将汽车安全带原理和防抱死系统与伸缩牵引绳结合。当大型犬爆冲时，会自动触发汽车安全带的原理，在绳子未锁定状态下，它能够通过判断大型犬的瞬时速度，当瞬时速度超出安全范围后，牵引绳将自动锁住绳索，无须人工干预。自动锁定后，防抱死系统还会触发缓震功能，减少巨大的爆冲力，避免狗主人手臂拉伤，也避免大型犬颈部受到伤害。

二、博物馆保护与服务创新

产品1：博物馆防震"魔方"密盒（图6-9）

1. 产品设计理念

该产品是通过对西安博物院进行实地调查，查取相关资料，结合市场分析，发现问题并制作的一款装置。本款装置可在自然灾害下，特别是地震中的特殊环境，对博物馆文物进行有效的保护。本款文物保护装置名为防震"魔方"密盒，可用于各类文物展柜保护。

2. 产品功能

本款防震"魔方"由玻璃纤维布、塑料泡沫、植绒布、生铁、双面胶带和无纺布等材料制作而成。这些材料拥有韧性好，设计装饰性好，抗腐蚀性等特点。

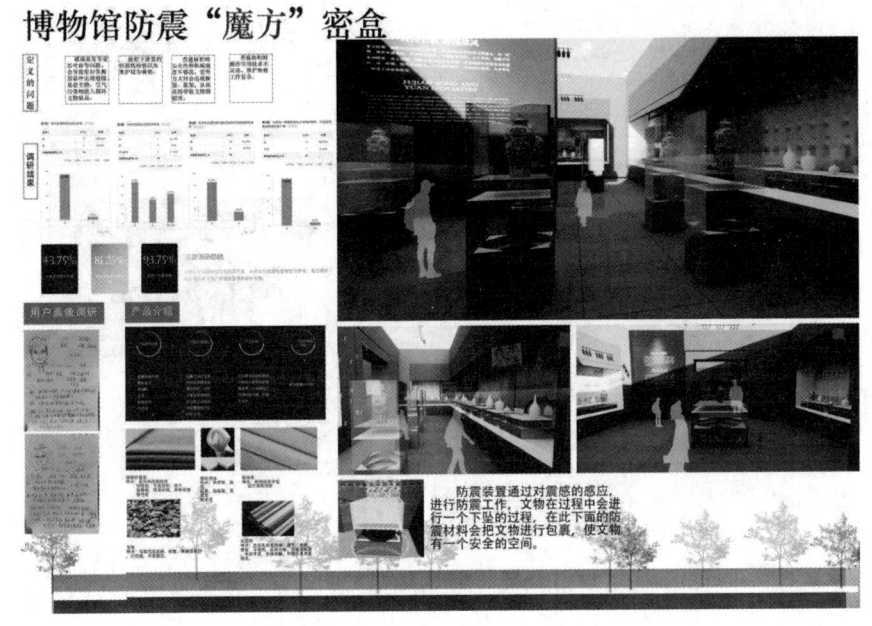

图 6-9　西安欧亚学院学生创新成果作品（9）

本款"魔方"密盒设计主要针对场景是突发性自然灾害。防震装置通过对震感的感应，启动保护状态，如发生地震时，隔板会打开，文物会下落到下一个隔层，在下面通过防震材料对文物进行缓冲包裹，避免文物受到损坏，起到了有效的保护。防震"魔方"密盒有多种形式，如独立柜、沿墙通柜、条形平柜、悬挂柜、墙柜等。以期对文物进行全方位的保护。

产品 2：毛毛虫折叠椅（图 6-10）

1. 产品设计理念

去博物馆进行调研后，小组成员发现，由于参观博物馆时间较长，特别是在博物馆人流量大的时候，参观时间会被无限拉长，因此，大部分受访游客提出博物馆内没有休息区，游览疲惫时无处休息的问题。

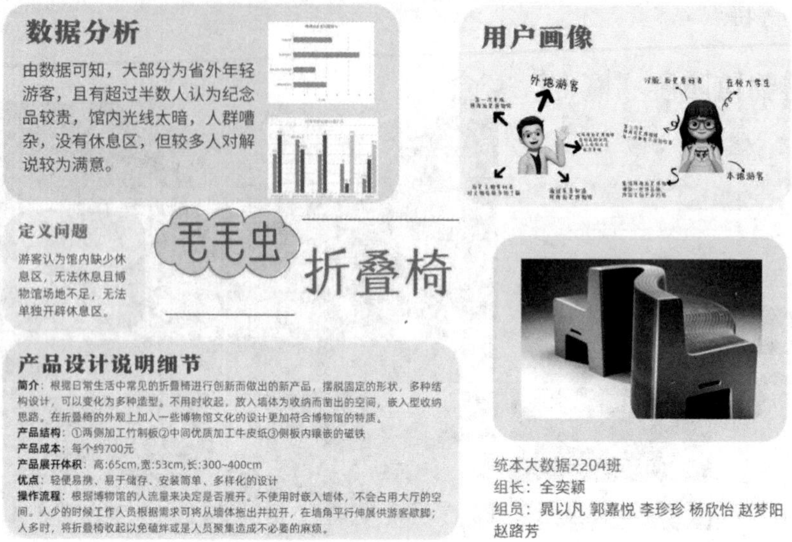

图 6-10　西安欧亚学院学生创新成果作品（10）

针对这一现象，我们推出"毛毛虫折叠椅"这一创新产品，针对性解决游客无处休息的烦恼，同时将产品设计为嵌入式，不使用时可收纳至墙体当中，很好地隐藏于博物馆的整体环境中，既可以不占用空间，同时不破坏博物馆整体氛围。

2. 产品功能

毛毛虫折叠椅轻便易携、方便储存、安装简单，每个折叠椅成本约700元，材质主要为优质牛皮纸，两侧为加工竹制板，高65厘米，宽53厘米，展开时长300~400厘米，可供5~6人使用，折叠时约为50厘米。

因其放置于博物馆这一特殊位置，还可以为其添加博物馆的相关元素，在椅子上加入兵马俑、多友鼎、汉唐金银器等博物馆经典元素，将其以彩绘和贴纸形式装饰在折叠椅两侧竹制板及座椅背部，做到特色化设计。

产品3：陕博剪影（图6-11）

1. 产品设计理念

调研小组在去陕西历史博物馆（简称"陕博"）参观时，发现陕博有许多好看的、具有纪念意义的文创产品，但它们大多只是一个缩小版或卡通版的文物摆件，只具备观赏性，少了些趣味。因此，调研小组想要设计出一款好玩且好看，能够让每个人动手动脑且具有陕博特色的文创产品。

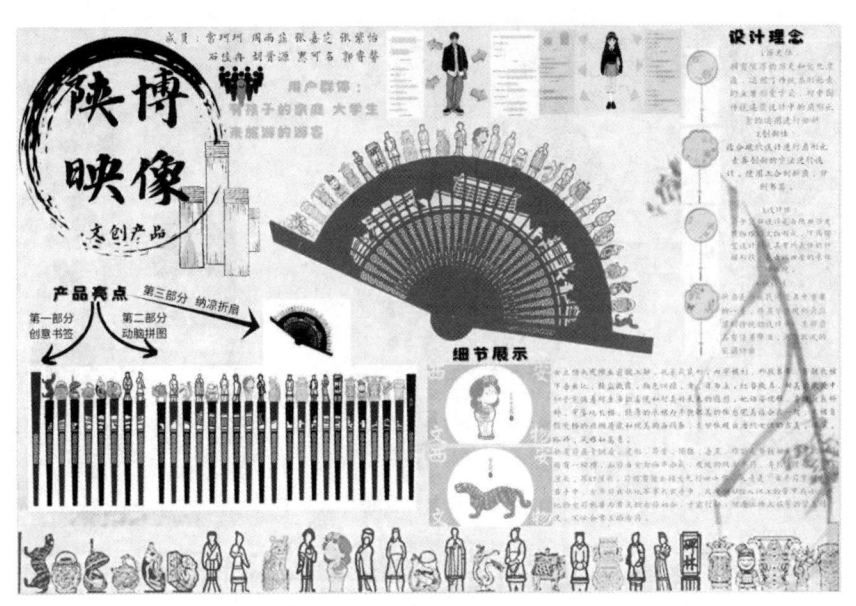

图 6-11　西安欧亚学院学生创新成果作品（11）

2. 产品功能

调研小组设计的文创产品叫"陕博剪影"，是陕博文物中所有具有特色的文物的几何体，它的样子新颖，由很多陕西元素组成，让人一看到就能想到西安。它是一把好玩且实用的、可拆可拼的"书签-折扇乐高玩具"。

首先，它是一把扇子，在西安炎热的夏天可以为各位游客带来凉爽清新的感觉。其次，这个扇子可以拆分为 12 支扇骨，每一支扇骨都是一个独立的书签，每一个书签的图案都代表着一件文物或古建筑。最后，使用者可以根据自己的审美将书签拼接成一把折扇，拼接的过程就像在玩乐高玩具一般，动手又动脑，十分治愈。总而言之，"陕博剪影"是一款实用且有趣，又具有西安特色的文化创意产品，让大家在玩儿中回味陕西历史博物馆的文物之美，感受陕西悠久的历史文化。

产品 4：陕博文创（图 6-12）

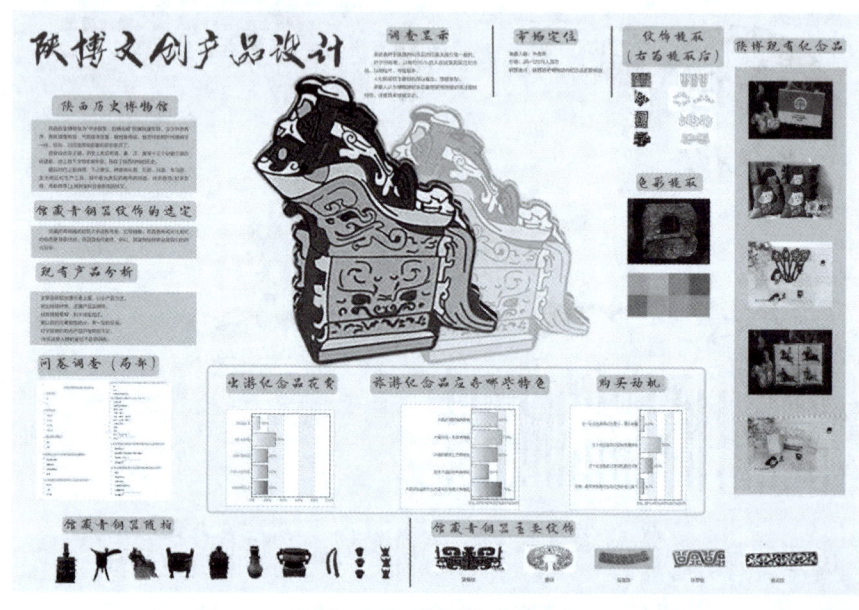

图 6-12　西安欧亚学院学生创新成果作品（12）

1. 产品设计理念

陕西历史博物馆藏品收集了上起商周，下至秦汉的众多重要文物，有反映古代先民生活情景和艺术追求的彩陶器皿，有凸显周人兴起与鼎盛的青铜器，有秦汉的青铜剑、经机、兵马、大型瓦当，还有精美的唐代金银器和唐三彩等，璀璨的文物见证了中华文明悠久的历史。近些年，陕西历史博物馆浏览人数越来越多，为了提升博物馆的影响力与体验度，大力推广文创产品，将文物融入日常生活，但目前来看文创产品形式、功效较为单一，创新较少，基于此，我们设计了颇具趣味性的定制文创。

2. 产品功能

我们发现青铜器（如多友鼎、师献鼎等）上铸有史料价值很高的铭文，同时青铜器图案特别，颜色颇具特色。因此，我们以青铜器为创作主题，提取馆藏青铜器上的纹饰及其独特的色彩，打造一系列时尚与历史底蕴相结合的 T 恤衫、卫衣、明信片、丝巾、公交卡、手机壳等产品。产品上的图案、颜色位置、形状均可在现场定制机上操作完成，设计结束后，由工作人员帮助打印图案，并在产品上印出陕西历史博物馆的 logo，游客拿着自己设计的产品在馆内外拍照留念，在增加趣味性的同时，增强游客的历史体验感、归属感、文化认同感和民族自豪感。

纵观学生创新成果（图 6-13）我们会发现这些成果中或多或少地体现出了学生的批判性思考能力以及创新能力。作为读者，我们可以以更加开放的心态去看待、包容这些稚嫩的作品。著名批判性思维学者董毓曾说过："一个具备批判性思维精神的人一定是一个'虚怀若谷，坚守理性，勇于探究'的人。"包容、开放和理性的态度其实也是设计思维所体现和倡导的精神。

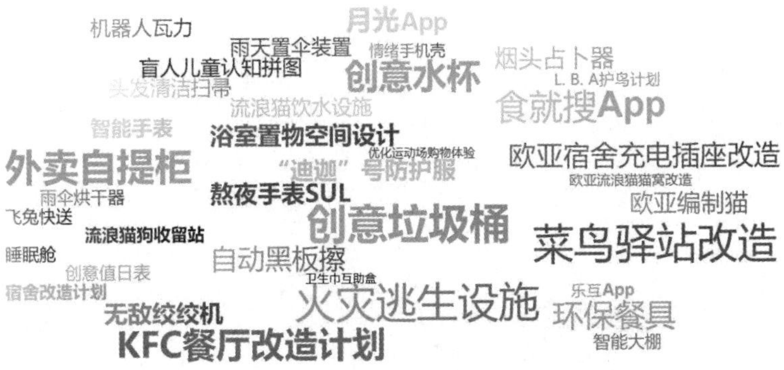

图 6-13 西安欧亚学院学生创新成果作品词云

本 章 小 结

1. 本章通过学生作品展示了设计思维和批判性思维是如何深刻影响和改善我们的日常生活的。

2. 通过本章的学习，鼓励大家从设计思维的视角，将生活和设计视为一个创造性和迭代性的过程。

结　　语

到 2035 年，我国发展的总体目标是实现高水平科技自立自强，进入创新型国家前列。党的二十大报告指出"创新是第一动力""必须坚持守正创新"。因此，对于创造性思维的培养是现阶段我国教育工作的重中之重。

创造性思维不仅是观察并提出一个想法、找到解决问题的新方法的能力。更重要的是，这种能力并不局限于设计师、音乐家或者其他艺术家这些创造性职业。所有人都可以通过训练获得创造性思维并从这种思维中获益，为我们带来不一样的观点甚至是行动。

创造力是从现有事物中创造新事物的能力，是以不同方式思考的能力，是为解决方案提供新的角度和视角的能力。它是思考的源泉、革新的动力。它鼓励大家从其他角度看问题，对新的解决方案抱有一种开放的态度。

创造性思维可以通过学习"批判性思维"和"设计思维"的技巧获得。批判性思维是进行创新的准备和基础，具体包含审慎判断、合理分析、辨别、解释与推理等。设计思维则是进行创新的方法，是一套如何进行创新探索的方法论，它包含触发创意的核心——以人为本，即以人的生活品质持续提高为目标，以人的需求为出发点来开展创意设计和创意实践。批判性思维与设计思维相辅相成、相互交融，它们以实现创造性思维品质和能力为目标。

希望大家能够通过对本书的阅读、结合实际案例活动与坚持不懈的训练，灵活运用批判性思维与设计思维的相关知识，获得并提升自己的创新能力，为日后的学习、生活提供助力。愿大家能够将创新烙在自己的 DNA 中，成为优秀的思考者。

参 考 文 献

[1] 罗伯特·J.斯滕博格. 创造力手册[M]. 施建农, 译. 北京: 北京理工大学出版社, 2005.

[2] 鲁百年. 创新设计思维: 设计思维方法论以及实践手册[M]. 北京: 清华大学出版社, 2015.

[3] 管理科学技术名词审定委员会. 管理科学技术名词[M]. 北京: 科学出版社, 2016.

[4] 德鲁·博迪, 雅各布·戈登堡. 微创新: 5 种微小改变创造伟大产品[M]. 钟莉婷, 译. 北京: 中信出版社, 2014.

[5] 伊恩·阿特金森. 创新力+: 创造性解决问题的 12 种思维工具[M]. 徐诚, 田尧舜, 译. 北京: 人民邮电出版社, 2016.

[6] KANT I. An Answer to the Question: "What is Enlightenment?"[M]. London: Cambridge University Press, 1784.

[7] BRONS L L. Truth, rhetoric, and critical thinking[M]. Tokyo:Lakeland College, 2014.

[8] 理查德·保罗, 琳达·埃尔德. 批判性思维工具[M]. 乔苒, 徐笑春, 译. 北京: 新星出版社, 2006.

[9] 董毓. 批判性思维原理和方法: 走向新的认知和实践[M]. 2 版. 北京: 高等教育出版社, 2017.

[10] 彭聃龄. 普通心理学[M]. 北京: 北京师范大学出版社, 2004.

[11] 谷振诣, 刘壮虎. 批判性思维教程[M]. 北京: 北京大学出版社, 2006.

[12] 武宏志. 论批判性思维[J]. 广州大学学报(社会科学版), 2004, 3(11):

10-16.

[13] GLASER E M An Experiment in the Development of Critical Thinking [M]. New York: Advanced School of Education at Teachers College, Columbia University, 1941.

[14] 蒂姆·布朗. IDEO, 设计改变一切[M]. 侯婷, 何端青, 译. 杭州: 浙江教育出版社, 2019.

[15] 哈索·普拉特纳. 斯坦福设计思维课1: 认识设计思维[M]. 姜浩, 译. 北京: 人民邮电出版社, 2019.

[16] 英格丽·葛斯特巴赫. 设计思维的77种工具[M]. 方怡青, 译. 北京: 电子工业出版社, 2020.

[17] 采铜. 精进: 如何成为一个很厉害的人[M]. 南京: 江苏凤凰文艺出版社, 2016.

[18] 石佳. 何谓哲学反思[J]. 甘肃理论学刊, 2015（3）: 87-91.

[19] 孙正聿, 欣文. 哲学反思之路: 孙正聿教授访谈[J]. 学术月刊, 2002（9）: 105-112.

[20] 张志, 黄鑫, 胡晓. 轻松学会独立思考[M]. 北京: 九州出版社, 2015.

[21] 巴巴拉·明托. 金字塔原理[M]. 王德忠, 张洵, 译. 北京: 民主与建设出版社, 2002.

[22] 朱锐. 批判性思维与创新思维的关系研究[D]. 北京: 中央民族大学, 2017.

[23] 冯艳. 论批判性思维与创新的关系[J]. 燕山大学学报. 2012（12）: 22-25.

[24] 霍雨佳. 批判性思维的要素及其关系[J]. 重庆理工大学学报（社会科版), 2019（7）: 16-33.

[25] 布鲁克·诺埃尔·摩尔, 理查德·帕克. 批判性思维[M]. 朱素梅, 译. 北京: 机械工业出版社, 2021.

[26] 尼尔·布朗，斯图尔特·基利. 学会提问[M]. 吴礼敬，译. 北京：机械工业出版社，2021.

[27] 周建武. 简明逻辑学：逻辑认证与批判性思维[M]. 北京：中国人民大学出版社，2021.

[28] 布鲁斯·N.沃勒. 优雅的辩论：关于15个社会热点问题的激辩[M]. 杨悦，译. 北京：中国人民大学出版社，2015.

[29] 董爱华. 批判性思维研究国内发展概述[J]. 北京：北京印刷学院学报，2019，27（10）：4.

[30] 蒋里，福尔克·乌伯尼克尔. 创新思维：斯坦福设计思维方法与工具[M]. 税琳琳，译. 北京：人民邮电出版社，2022.

[31] 张凌燕. 设计思维：右脑时代必备创新思考力[M]. 北京：人民邮电出版社，2015.

[32] 比尔·博内特，戴夫·伊万斯. 斯坦福大学人生设计课[M]. 周芳芳，译. 北京：中信出版社，2017.

[33] 比尔·博内特，戴夫·伊万斯. 设计你的工作和人生：如何成长、改变，在工作中找到快乐和新的自由[M]. 徐娟，徐娥，译. 北京：中信出版社，2021.

[34] 理查德·保罗，琳达·埃尔德. 批判性思维：反盲从，做聪明的思考者[M]. 焦方芳，译. 北京：人民邮电出版社，2021.

[35] 莎伦·M.凯. 人人都该懂的批判性思维[M]. 简丁丁，译. 浙江：浙江人民出版社，2019.

[36] 谢里·戴斯特勒. 学会选择：批判性思维实践手册[M]. 张存建，译. 6版. 重庆：重庆大学出版社，2019.

[37] 富田和成. 高效PDCA工作术[M]. 王延庆，译. 湖南：湖南文艺出版社，2018.

[38] 姚立根，王学文. 工程导论[M]. 北京：电子工业出版社，2012.

[39] 东尼·博赞. 思维导图[M]. 卜煜婷, 译. 北京: 化学工业出版社, 2015.

[40] 何洋. 试析高校创新氛围的营造路径[J]. 亚太教育, 2014（1）: 91-93.

[41] 丘建发. 研究型大学的协同创新空间设计策略研究[D]. 华南理工大学, 2014.

[42] 颜晓峰. 创新研究[M]. 北京: 人民出版社, 2011.

[43] 杨国安, 李晓红. 变革的基因[M]. 北京: 中信出版社, 2016.

[44] 帕特里克·兰西奥尼. 团队协作的五大障碍[M]. 华颖, 译. 3版. 北京: 中信出版社, 2013.

[45] 帕特里克·兰西奥尼. 理想的团队成员[M]. 闫秋华, 译. 北京: 电子工业出版社, 2016.

[46] 武宏志, 张志敏, 武晓蓓. 批判性思维初探[M]. 北京: 中国社会科学出版社, 2015.

[47] 格雷戈里·巴沙姆, 威廉·欧文, 亨利·纳尔多内, 等. 批判性思维[M]. 舒静, 译. 北京: 外语教学与研究出版社, 2019.

[48] JAMES J F Forest, Kevin K. An Encyclopedia[M]. Santa Barbara: Higher Education in the United States, 2002.

[49] Enoch S H. Project Demonstrating Excellence: A Critical Analysis of Richard Paul's Substantive Trans-disciplinary Conception of Critical Thinking[D]. Union Institute & University, 2008, p.34.

[50] Zook G F. Higher Education for American Democracy: A Report of the President's Commission on Higher Educaiton[M]. Harper & Brothers, 1947.

[51] 莫提默·J.艾德勒, 查尔斯·范多伦. 如何阅读一本书[M]. 郝明义, 朱衣, 译. 北京: 商务印书馆, 2004.

[52] 基思·斯坦诺维奇, 理查德·韦斯特, 玛吉·托普拉克. 理商[M]. 肖玮, 译. 北京: 机械工业出版社, 2020.

[53] 朱迪丝·博斯. 独立思考: 日常生活中的批判性思维[M]. 岳盈盈,

翟继强，译. 2 版. 北京：商务印书馆出版，2016.

[54] 董毓. 明辨力从哪里来：批判性思考者的六个习性[M]. 上海：上海教育出版社，2017.

[55] 董毓. 批判性思维十讲[M]. 上海：上海教育出版社，2019.

[56] 何向东. 逻辑学教程[M]. 3 版. 北京：高等教育出版社，2010.

[57] 陈庆丽. 在写作教学中开发学生的批判性思维[J]. 淮阴师范学院学报，2003，1（25）.

[58] 杨强. 管理学基础[M]. 2 版. 北京：中国人民大学出版社，2014.

[59] 赵越春. 企业战略管理[M]. 2 版. 北京：中国人民大学出版社，2013.

关于引用作品的版权声明

为了方便学校课堂教学，促进知识传播，本书选用了一些图片及案例，本书所包含的图片、案例均只为说明相关理论并用于教学。为了尊重这些内容所有者的权利，特在此声明，凡在本书中涉及的版权、著作权、商标权等权益均属于原作品版权人、著作权人、商品权人。

如有任何疑问，请联系：skycxkcz@163.com，我们会尽力解决。在此，衷心感谢原作品的相关版权权益人及所属公司对教育事业的大力支持！

编者

2024 年 4 月